在宅緩和ケア医が出会った

「最期は自宅で」30の逝き方

髙橋浩一

光文社新書

はじめに――「ヨロヨロ、ドタリ」のそのあとで

私は広島で、２００８年９月から、在宅緩和ケアに取り組んでいます。

日々の診療のかたわら、ブログで15年近くにわたって、「心に残る出会い」という記事を書き続けてきました。出会って、最期を看取《みと》ってきた、たくさんの方々とのお話です。

書き始めるきっかけとなったのは、ある印象的な出来事があったからでした。

＊　　＊

奥さんと2人暮らしの、ある80代半ばの男性のケースでした。

数年前に大腸がんの手術を受け、人工肛門となっていましたが、ストーマ（人工肛門）処置も自分でできるほど、しっかりした方でした。しだいにパーキンソン病が進行し、寝たきりの生活となってきましたが、ときどきは介助で病院に通院していました。ふだんはヘルパーさんがたまに入る程度で、訪問看護や訪問診療はなしで、自宅でおだやかに生活されていました。

ある日、ケアマネジャーさんから電話がありました。

数日前から熱が続き、下がらない。食事もとれなくなってきたので往診してほしい、と。緊急往診しました。私たちの、はじめての出会いでした。

診察したところ、肺炎でした。しかも酸素飽和度がかなり下がっており、重症の肺炎です。

「ただちに入院したほうがよいです。肺炎は、命にかかわります」

とお伝えしました。すると、ご本人が、

「私はもう死ぬ覚悟はできている。病院には行きたくない」

とおっしゃったのです。

それを聞いた奥さん、とたんに涙があふれ始めました。体調が悪くなったらどうするか、死ぬときはどうしたいか、といった話は、これまで夫婦でまったく交わしてこなかった話だったのです。

在宅で診《み》ること、それ自体は可能です。毎日の点滴治療を、自宅で受けることも可能です。その治療で、回復する場合もありますし、残念ながら助からない場合もあります。最期を自宅で看取ることも、できます。

しかし、奥さんにとっては寝耳《ねみみ》に水《みず》の話で、そんな覚悟はまったくできていないようでした。「急にそんなことを言われても……」。

涙は止まりません。

それからしばらくの時間、ご夫婦と私たち、それにヘルパーさん、みんなで相談しました。結局、入院することに本人も同意され、休診日だったかかりつけ病院へ連絡し、救急車で緊急入院となりました。

治療して、肺炎がよくなったら、また家に帰ってくればいいじゃない、と。

しかし数日後、連休明けに、病院で亡くなられました。

あのまま、自宅で診療させていただいていても、結果は同じだったのかもしれません。

でも、本人とご家族にとって、どちらがよかったのか……。ぐるぐると考えはめぐり続けました。

本人が「覚悟を決める」のは、わりと簡単だと思います。1人でじっくり考える時間を持つことは、可能でしょうから。

しかし、ご家族は、そうではありません。ご家族と、ぜひお話しなさってほしいと思いました。

ふだんから、悪くなったらどうしたい、死ぬ時はどうしたい、というお話をしていてほしい。「急にそんなことを言われても……」とならないように、ふだんから、何度でも繰り返し、そういう話をしていてほしいと思いました。

そうすれば、いざという時に、ふだんからのご希望のとおりに対応させていただくことができるからです。

＊　＊

このことがあって以来、さまざまな「出会い」をご紹介するようになりました。

みなさんの考えるきっかけ、話をするきっかけにしていただけたらと思ってのことです。

お別れの始まりでもあるのに、「出会い」とするのはなぜですか？　と聞かれました。

こう、ご説明しました。

いわゆる病院、たとえば大学病院などで、診察を受けるとなったら、「先生が、偉《えら》い人。私、患者さん。なんでも言うこと聞きます」という感じに、どうしてもなりがちだと思います。

ですが、在宅の医療ですと、違います。患者さんが真ん中にいて、その方がいろいろと、「あれがしたい」「こうしたい」と言うのを、周りの人たちが聞いて実現してあげる、という構図になります。

「最期まで、家にいたい。だから家で診てくれる先生に来てほしい」という希望があるところに、私たちが出かけていきます。

そこに至るまでには、ケアマネジャーさんが入っていたり、訪問看護師さんが入っていたりして、私たちにつないでくれることもありますし、病院の方から、「この方、家に帰りたい、家におりたいと言っておられますので、行ってあげてください」と連絡が来ることもあります。

そして最終的には、「その方を中心にしたチームが完成した瞬間」から、その方の在宅の療養が始まるのです。

私が患者さんと出会う時というのは、このチームの華々《はなばな》しいスタートの瞬間なのです。「自分らしく自宅で生きる人」を支えるための、まさに出会いの瞬間なのです。

＊　＊

その方たちが、どうやって私たちにつながり、どのように希望をかなえて、（もしくはかなえられずに）亡くなっていったか。この本では、その30のケースを、ご紹介いたします。

どのようなルートで私（在宅緩和ケア医）とつながってくださったのか、のパターンごとに、7つの章に分けています。

社会学者の春日キスヨさんは、「人生100年時代といわれる今日、多くの人が『ピンピンコロリ』を望んでいるが、加齢による脆《もろ》さと弱さを抱えて、『ピンピン・ヨロヨロ・ドタリ』という形でしかあの世に逝《い》けない時代になっている」とおっしゃっています。

「ヨロヨロ、ドタリ」の、そのあとにも、まだまだ、続く日々がある。

みなさんが、「最期までどのように生きたいか」「それをどのようにかなえるか」を考え、ご家族と話をするきっかけにしていただけたら幸いです。

「最期は自宅で」30の逝き方

目次

はじめに――「ヨロヨロ、ドタリ」のそのあとで――3

I 本人が当院外来に初診でいらしたケース 4つの出会い――21

出会い① 最初から在宅緩和ケア希望で受診されたOさん（大腸がん）――22

【解説】早い段階で「最期は自宅で」を伝えられると、希望がかないやすい――26

出会い② 息子を育成してから亡くなったOさん（老衰）――27

【解説】8060（8050）問題――30

出会い③ 代替療法で財産をすべて失ったNさん（胆管がん）――32

【解説】がんの標準治療は、優れていないのか？――37

出会い④　夫婦で尊厳死を決めていたKさん（肺がん）――39
【解説】最期まで診てくれる医師かどうか、確認しておくことが重要――44

II　ご家族が当院外来に見えたケース

4つの出会い――47

出会い⑤　自宅に帰ると暴れなくなった、認知症のYさん（認知症）――48
【解説】石飛幸三医師『「平穏死」のすすめ』――53
出会い⑥　認知症の妻が支えたMさん（老衰・がん）――55
【解説】2週間食べることができていない、とは――58

出会い⑦ 方言の強かったIさん（肺がん）――61
【解説】トイレに行く、ということ――64
出会い⑧ 果物制限を受けていたOさん（肺がん）――66
【解説】果物制限、食事制限――70

III ケアマネジャーからの依頼

5つの出会い――73

出会い⑨ 家ですごしたかったTさん（胃がん）――74
【解説】退院前カンファレンス――78
出会い⑩ 奥さんが先に亡くなったSさん（心不全）――80
【解説】老夫婦2人の生活――83

出会い⑪ 蘇生後脳症のあったTさん（盲腸がん）——85
【解説】訪問看護ステーション——88
出会い⑫ 頭部打撲のあと認知症がひどくなったSさん（認知症）——90
【解説】頭を打ったあとで、何か変だと感じたら——93
出会い⑬ 検死になってしまったMさん（老衰）——95
【解説】検死・事情聴取にならない最期のために——100

Ⅳ 施設からの依頼 5つの出会い——103

出会い⑭ ピンピンコロリを実現できたYさん（認知症）——104
【解説】ピンピンコロリは、珍しい——108

出会い⑮ 心不全があったYさん（心不全）――109
【解説】終末期の心不全を、楽にするには――111
出会い⑯ 最期まで妻と手をつないでいたかったNさん（脳腫瘍）――113
【解説】幸せにすごせる場所――116
出会い⑰ 家主に搾取されていたHさん（動脈硬化・肺がん）――117
【解説】金銭管理に気をつけて――120
出会い⑱ 先代院長が昔むかし診察したことがあったYさん（老衰）――122
【解説】入所施設と、担当医――124

Ⅴ　地域包括支援センターからの依頼

3つの出会い　127

出会い⑲　医療を拒否していたEさん（慢性閉塞性肺疾患〔COPD〕）　128

【解説】ゴミ屋敷と、医療拒否　132

出会い⑳　恥ずかしがり屋だったMさん（脳梗塞）　134

【解説】デイサービスに行きたがらない理由　138

出会い㉑　左肩を痛めたOさん（脳梗塞）　139

【解説】しゃべれなくても耳は聞こえる　142

Ⅵ　訪問看護ステーションからの依頼

4つの出会い——145

出会い㉒　入院するたび、暴言・暴力を繰り返したOさん（肺がん）——146

【解説】高齢者のせん妄と、解決策——150

出会い㉓　じつは大金を貯め込んでいたTさん（脳梗塞）——152

【解説】ゴミ屋敷の陰にある事情——157

出会い㉔　息子さんが野菜を作っていたFさん（老衰）——158

【解説】お菓子なら食べる——162

出会い㉕　在宅主治医が決まらないまま退院したTさん（慢性閉塞性肺疾患〔COPD〕）——164

【解説】「在宅で最期まで」をかなえるために、しておくこと——167

Ⅶ 病院の退院支援室や地域連携室からの依頼 5つの出会い——169

出会い㉖ 緩和ケア病棟に戻ったKさん（肺がん）——170

【解説】緩和ケア病棟——174

出会い㉗ 社業を子どもさんに引き継ぎたかったHさん（肝転移）——176

【解説】会社や事業を後継者に引き継ぐ——179

出会い㉘ 子どもが全員、先に亡くなってしまったOさん（老衰）——181

【解説】拒否する背景を探る——184

出会い㉙　ご自宅に帰ることができたIさん（腎機能低下）――186

【解説】コロナ禍の面会制限と、在宅医療――189

出会い㉚　病気のことは家族に一切言っていなかったKさん（肺がん）――191

【解説】身寄りがいない場合、じつはいた場合――194

あとがき――本人の希望に沿う、ということ――196

I

本人が当院外来に
初診でいらしたケース

4つの出会い

出会い1

最初から在宅緩和ケア希望で受診されたOさん

（大腸がん）

Oさんは81歳。

どうも最近調子が悪い、と、自宅近くの医院に通院されていた男性でしたが、ある日、当院を受診されました。

「最期は自宅で」

今かかっている医者に、そう言うと、「対応できない」と言われたとのこと。

それならもう医者を替える、と、本人がネット検索で当院を見つけたそうです。

「最後の痛いのだけ、何とかしてもらいたい」

はい、わかりました、その時はお任せください。

Oさんはいつもパリッとした服装で外来にいらしていました。服装の乱れはなく、毎回元気よく通院されていました。

それから半年が過ぎたところで、Oさんの食欲がなくなりました。

外来で、「長年、毎日、コップで1合の牛乳が飲めていたのに、飲めなくなってきたので、私はもうあと1カ月だと思います」と言います。

病院には行かない、というのを何とか説得して、C病院の検査だけ、ということで受診していただきました。

結果は大腸がんの疑い。

診断を確定するには、精密検査が必要なのですが、精密検査も手術も、Oさんは拒否されました。

「帰宅後、病院の先生から電話がかかってきて、手術をしたらもっと長生きできると言われたんじゃが、もう病院はええ、家におる」と。

ご家族とも話し合っていただきましたが、本人は頑固《がんこ》で、言い出したら聞かないから、本人の言うとおりにするしかありません、という結論になりました。

それ以降は、お住まいのマンションへ訪問診療です。

「あと1カ月だから、介護保険はいらない。ベッドも借りない。わしはこの布団がええんじゃ」

では、おなかの診察をしますから、横になっていただけますか、というと、Ｏさん、いきなり立ち上がって、ズボンのベルトを外してズボンを脱ぎ、きちんとたたんで枕元に置き、掛け布団を足元に三つ折りにしてたたんでから、横になりました。

それから、おなかを押さえて診察をします。ふつうの痛み止めでは効かなくなってきたので、医療用麻薬の飲み薬を開始です。

その次の訪問診療では、もうベルトのない、ジャージのズボンでした。

最初は触《ふ》れなかったがんの塊《かたまり》が、みるみる大きくなり、診察ではっきり触れるようになってきました。かなりの進行速度です。

近いうちに内服が困難になることが想定されたため、早めに貼《は》り薬の鎮痛薬（医療用麻薬）の導入です。そのころには、パジャマの上下でした。

結局は痛みも出てきたのですが、痛い・苦しいという期間はほとんどなく、痛みはうまく抑えることができました。

Oさんはそのまま、自宅で亡くなられました。

Oさん、ご自分の最期が遠くない、ということを、どこかで感じておられたのでしょうか。

解説

早い段階で「最期は自宅で」を伝えられると、希望がかないやすい

最初から（がんの診断がつく前から）、在宅緩和ケアを希望されて受診される方はまだ珍しいですが、Oさんは、その最初の診察日のご希望どおりの結末になりました。

Oさんの場合、「最期は自宅で」と思った時点で、かかりつけ医にご自分の希望を伝え、対応してもらえるかどうか聞いた、ということが、重要なことでした。

もし、いよいよお別れが近くなったというその時になってから、「当院では対応しません」と言われたのでは、「最期は自宅で」という希望が、かなえられたかどうか……。

早い段階で、ご自分の希望を伝えて、それに対応してもらえるのかどうかを確かめておくことが、安心につながります。

「最期まで自宅で」をかなえてくれる医師の探し方としては、Oさんのように自分でインターネットで探すこともできるのですね。

出会い2

息子を育成してから亡くなったOさん……（老衰）

Oさんは92歳。

夫はすでに亡くなり、最期は娘にみてもらおう、と思っていたのですが、娘さんのほうが先に亡くなってしまい、建設業の息子さんと2人暮らしになっていました。

息子さんが小さい時から、ずっと変わらず、息子さんのために食事やお弁当を作ったりしていたのですが、Oさんはしだいに足腰が悪くなり、動けなくなってきたのでした。

買い物に行くこともできません。

そこで息子さんに買い物を頼むのですが、これまで息子さんは、家事というものをしたことがありません。腹が減れば、焼き肉弁当を買ってきて食べればいい、というような生活をしてきていたのです。

「にんじんを買ってきて」と頼むと、しなびたにんじんを1本、買ってきます。いちばん上にあったから、と。しなびていない、ふだん見ている形のにんじんはなかったのかと聞くと、それはたくさんあった、と。

Oさんは、息子に面倒をみてもらうようになるとは思わなかった、と言い、息子さんもまた、親をみるようになるとは思わなかった、と言います。

ああ、私は息子に何も伝えてこなかった、とOさんは悟りました。

それからというもの、Oさんは、息子さんにあらゆることを教え、伝えていくことにしたのでした。

肉だけじゃなくて、野菜も食べにゃ、いけんのんよ。

さすがに息子さんが、毎日バランスのよい食事を作ることはできませんので、それからは、配食弁当を手配することになりました。

　Oさんは、ベッド回りの移動しかできなくなってきました。

息子さんは自宅を改築し、ベッドからそのまま仏壇を拝めるような作りにする、ベッドから車いすに移れば、そのままトイレまで行けるようにする、など、Oさんのために、いろいろがんばってあげていました。

　尿路感染や肺炎で、何度か入院を繰り返した後、Oさんは「もう入院はイヤだ」と言うようになりました。

　訪問診療のたびに、「先生、私はもう病院に行きたくないんじゃ、頼むよ」とお話しされていました。

　ベッドの横に娘が迎えに来た、ほら、そこに、と言うこともありました。

　お母さんが迎えに来た、と言う人はときどきいますが、娘さんが迎えに来たというのは珍しいです。

しだいに食べる量、飲む量が減っていき、Oさんは眠るように亡くなられました。

Oさん、息子さんは、ようがんばっちゃったですね。

解説

8060（8050）問題

昔の人は、結婚、出産が早く、20歳そこそこで、子どもを産んでいる方も多かったものです。専業主婦の時代で、家事は全部、主婦がしていたご家庭が、ほとんどかもしれません。

何歳になっても、夫や子どもの食事など、全部1人でやってきた、という方も、珍しくありません。

80代の親が、60代（50代）の子どもの生活を支える、というのが「８０６０（８０５０）問題」です。

妻（主婦）が先に亡くなってしまうと、残された夫は、食事や洗濯など、身の回りのことがまったくできない、という状況も見られます。

息子さんの場合にも、同じように、身の回りのことは全部親がやっていて、自分では何一つできない人もいます。

親が何でも全部やってあげる、というのは、考えものかもしれません。

自分のことは、自分でできるようにさせなくては。

Oさんは、それに気がついて、間に合って、よかったですね。

夫や息子に、身の回りのことができるように教え込む、というのも、立派な「終活」の１つです。

出会い **3**

代替療法で財産をすべて失ったNさん

（胆管がん）

Nさんは54歳。

医療関係でばりばり働いていた男性です。

ある年の定期健康診断で、肝機能の数値がひっかかりました。

何も自覚症状はないので、しばらく放置して、数カ月後に再検査しても、やっぱり異常値です。

そこで精密検査を受けたところ、胆管がんということがわかりました。

黄疸《おうだん》も出てきて、緊急入院です。

肝臓転移・肺転移もあり、手術できる段階ではありませんでした。

とりあえず黄疸を解消するため、胆管ステントを実施（詰まっている胆汁の流れ道を広げ、流れを確保するために、チューブなどを埋め込みます。それを胆管ステントと呼びます）。

その次には、抗がん剤治療を勧められたのですが、Nさんは拒否して、無理やり退院してしまいました。

仕事も辞め、その後は……。

免疫療法など、効果が確立されておらず、保険がきかず、費用も非常に高額な治療を選択されたのでした。

広島以外の遠方で、あちこち病院・治療法を変えながら、続けてこられました。

しかし、どの治療法にも効果はありませんでした。

肝臓転移が大きくなり、腹水も溜《た》まる状態になってきたのですが、もうNさんには治療を続けるお金が残っていません。

治療を断念して、広島に帰ることになりましたが、もう家も貯金も、何も残っておらず、妹さんのアパートに転がり込むしかありませんでした。

この段階で、外来の初診で、私たちのはじめての出会いです。

痛みのためにオピオイド（医療用麻薬）がかなり増えており、「痛みだけは何とかしてほしい」というご希望でした。

当方が薬を調整して、痛みをコントロールしていきます。

しばらくは安定した状態でしたが、徐々に体調は悪くなります。

ある日、いよいよ動けなくなった、と、妹さんのアパートへ往診の依頼です。

行ってみると、Nさんはもう布団から出ることもできず、トイレにも行けない状態になっていました。

このあと、どうしますか？

在宅で最期まで、という選択肢もあることは説明しましたが、そこは自宅ではなく、妹さんの家です。これ以上の面倒をかけることはできない、と、入院を希望され、F病院に入院となりました。

Nさんは、医学的な知識も、理解力もある人でした。胆管がんというのは、確かに治りにくいがんの代表格であり、薬も効きにくくはありますが、どうして最初から標準治療を拒絶されたのか？　とくに私たちに理由を語られることはありませんでした。それにしても、本当にとことんお金が尽きるまで、免疫療法にお金をつぎ込み続ける必要があったのか……。

Nさんは、入院して腹水を抜く処置をしたところ、一時的に回復し、食欲も少し出ました。ベッドの上にしばらく座っていられる程度への回復です。私たちが病室にお見舞いに行ってみたところ、「ナントカD水」とかいうパンフレットを見ています。友人が持ってきてくれた、と。

その水は、がんや難病、何にでも効くのだ、と書いてあります。もちろん、非常に高額です。

財産をすべてなくしたNさんに対して、まださらにお金をむしりとろうというパンフレットを持ってくる人がいる。

しかも、ニセ医学の典型的なうたい文句です。

Nさん、それは「本当の友だち」でしょうか?

本当の友だちなら、そんなこと絶対しないですよ。

Nさんはその数日後、病院でそのままお亡くなりになりました。

解説

がんの標準治療は、優れていないのか？

がんの治療では、「標準治療」と呼ばれるものがあります。信用できるがん治療の調査データを比較し、「現在、世界的にもっとも優《すぐ》れている」と判断された治療法です。

もちろん、新しい臨床試験データが出てきたり、新しい治療薬が登場したりすれば、標準治療というのは、書き換えられていくことになります。

現在、どこのがん治療病院でも、あるいは世界でも、「もっとも優れている」と判断され、日本中・世界中で実施されている治療法が「標準治療」なのです。

ところが、「標準」と聞くと、「もっとよい治療法があるのではないか？」と考える人がいるようです。

高齢者では、昔、結核で多くの人が亡くなった時代に、「高価な結核治療薬」を使うことができた人だけが助かった、ということを見聞きしている経験があるのだろうと思います。

高価な薬、高価な治療なら、もっと効き、治るのではないか、と。

もう少し若い方では、たとえば、レストランの食事で、「スペシャルコース」といえば、高額になるでしょうが、それに見合ったおいしい料理が食べられます。

医療の世界でも、自分は「標準」ではなく「スペシャル」な治療を受けたいと、そう考えられるのかもしれませんね。

「標準治療」という名称が悪いのではないか、と思います。

「世界最先端のもっとも信頼できる治療法」という名称なら、実態を表しており、標準治療ではない治療法を求める人は減るのではないか、と。

でも、この名称は長いですね、ネーミングのセンスがありません。

コピーライターの方の出番ですね。

出会い4

夫婦で尊厳死を決めていたKさん

……………………………………………………………………(肺がん)

Kさんは84歳。

ある時、突然、当院の外来を夫婦で受診され、「今後の主治医、かかりつけ医になってください」と話されました。

これが、私たちのはじめての出会いです。

事情を聞いてみますと……。

Kさん夫婦には子どもがいません。親戚の数も少ないです。ですから、親戚どうしの付き合いは、親密なものがありました。

おばさんの入院時に、病院に何度もお見舞いに行かれたのでしょう。

「おばが、いろいろな管《くだ》につながれたまま、最期まで治療を受けていたのを見て、延命治療、胃瘻《いろう》、人工呼吸などは受けたくない。最期は自然に、自宅で、と……」

そう思われていたそうです。

すでに公正証書を作成し、尊厳死することを明記。ご夫婦で尊厳死の意思表明をされておりました。葬儀の依頼先なども、手配をすませておられました。

そのKさんに、健康診断で肺がんの疑いが出たのでした。

病院の呼吸器内科を受診し、ほぼ肺がんで間違いない、ということになりました。

気管支ファイバーの検査を受け、そのあとで治療の相談を、と説明を受けました。

Kさんは、もう十分生きた、今さら苦しい検査や治療は受けたくない、自然に平穏に、と思われたとのこと。病院での説明を、それまでのかかりつけ医に伝え、自然に平穏に尊厳死を、との希望も伝えたところ、なんとそのかかりつけ医は、怒り出したそうなのです。

検査・治療は受けるべきだ、平穏死だの尊厳死だのは認めない、そんなことを言うなら、当院では二度と診ない、と。

困ってしまったKさん夫妻が、「尊厳死」で調べて、当院にたどりつき、今後のかかりつけ医を依頼に来られた、というわけだったのでした。

そもそも、その先生は、往診・訪問診療をおこなっておらず、自宅で最期までというのは、とうてい無理な状況ではあったのです。

大丈夫ですよ、当方は日本尊厳死協会の理事（当時。現在は地方支部長）・協力医でもありますし、往診・訪問診療、そして在宅看取りにも対応しております。ご安心ください。

そう、お伝えしました。

肺がんは、最初は症状はほとんどありません。

Kさんも、おだやかな日々をすごすことができていました。

ある時、どの程度、肺がんが進行してきているか知りたい、とKさんが希望されたため、最初の病院でCTを撮影してみましたが、腫瘤《しゅりゅう》増大、胸水《きょうすい》少量貯留《ちょりゅう》というように、やはりゆっくりですが、進行はしてきておりました。

今後は咳《せき》の悪化、食欲低下・体重減少、運動時の息切れ、が出てくる可能性が高いでしょう。今のところ、痛みが出てくる所見はありません。しっかり食べて、しっかり動きましょう、と生活指導をおこないます。


ある日、Kさんは自宅で転倒し、大腿骨《だいたいこつ》骨折を起こしてしまいました。肺がんがありますので、総合病院に入院して骨折手術です。リハビリをおこない、トイレ歩行ができる程度に回復して退院しましたが、めっきりやせて、体力の低下は明らかでした。食事も少量しか食べられません。

長い入院で、少し認知症も出てきていました。訪問リハビリを導入し、日常生活の維持につとめます。

その2カ月後、今度は尻もちをついて、腰椎《ようつい》圧迫骨折です。

しかし、今度はKさん夫婦は、入院は希望されませんでした。

入院すると面会できないし、認知症も悪化する。このまま自宅で最期まで生活する、と覚悟を決められました。

何かあった時には、訪問看護師さんもすぐに駆けつけてくれますし。

いよいよ食事を受け付けなくなり、もう残された日が少なくなった時、Kさんは「弟に会いたい」と言いました。

これまで、そんなことは言わなかったのに。

妻が急いで連絡し、弟さんに広島に来ていただきました。弟さんと話をして、ニッコリされた、とのことでした。

それからは、妻と弟さん夫婦とで、交代で介護にあたります。

ある朝、ふだんなら妻だけが介護をしている時間でしたが、たまたま弟さんたちも部屋に来てくれていました。全員がそろっている状況で、Kさんは静かに息を引き取られたのでした。

Kさん、最期の時が近いことを、感じられたのでしょうかね。

弟さんたちとも、会って話ができて。最期には全員がそろって、よかったですね。

解説

最期まで診てくれる医師かどうか、確認しておくことが重要

往診・訪問診療をされない医師も、たくさんいます。

高齢医師などで、体力的にしんどい、という場合もあるでしょうし、今回のKさんの担当医のように、在宅死・尊厳死・平穏死などは認めない、という医師もいるのでしょう。

とはいえ、さすがに今回のような医師は、私たちもはじめて聞きましたが……。「最期までちゃんと診てくださいますか？　先生が看取ってくださいますか？」ということを、早い段階で医師に聞いて、確認しておかれたほうがよいと思います。

日本尊厳死協会のホームページには、「受容医」リストが出ていますし、訪問看護ステーション、あるいは地域包括支援センターに聞いてみれば、往診医についての情報も教えてくれると思います。

◇日本尊厳死協会ホームページ「リビング・ウイル受容協力医師リスト」
https://songenshi-kyokai.or.jp/drlist/

II

ご家族が当院外来に見えたケース

4つの出会い

出会い5

自宅に帰ると暴れなくなった、認知症のYさん

……(認知症)

Yさんは92歳。

数年前から認知症の症状がひどくなり、暴れたりするようになったので、老人施設に入所していました。

ある時、食べ物を飲み込むことができなくなってきて、入院。

点滴をすると、いったん元気になるのですが、食べられるようになるわけではありません。

病院の担当医からは、経鼻《けいび》胃チューブ、胃瘻《いろう》、高カロリー点滴、のいずれかを選択

するよう、ご家族に告げられました。

認知症のため暴れることもあり、チューブや点滴は引き抜く可能性があるので、実際には胃瘻をするかどうか、という問題でした。

でも、Ｙさんたちは、そうしませんでした。

Ｙさんたちは、ご家族や知人など、病院や老人ホームで「胃瘻で寝たきり」という人を、これまで何人も見てきていました。

お見舞いからの帰り道に、「ああいうふうには、なりたくないね」と、何度も話し合ってきたことがあったのだそうです。

そこでご家族は、胃瘻はせずに、施設ではなく自宅に連れて帰ることを決断されました。

胃瘻をしないのであれば、長くは生きられないことは承知の上で、自宅ですごそう、自宅で看取ろう、と決められたのです。

本人の思いを尊重することにしたのです。

妻と娘さんは、医師の石飛《いしとび》幸三《こうぞう》先生の著書『「平穏死」のすすめ』（講談社文庫）に、たくさん付箋《ふせん》を貼ったものを持って、当院外来にお見えになりました。

「この本にあるような平穏死をお願いできますか？」

本人とご家族の決断のもと、訪問診療が始まりました。訪問看護や訪問介護、訪問入浴など、チームを作って対応です。訪問入浴とは、浴槽を部屋へ持ち込んでお湯を張り、寝たまま入浴できる介護サービスです。

自宅に帰ると、不思議なことが起こりました。暴れていたYさんが、暴れなくなりました。大声を上げる場面は少しありましたが、暴力的なことはまったく見られなくなっていました。

声をかけると、返事が返ってくるようになりました。施設や病院にいる時には、家族が話しかけても、返事もなかったのです。

私があいさつすれば、Ｙさんもあいさつを返してくれます。

近衛《このえ》兵だった、大尉だった、というような昔の話もしてくれました。

食べられないはずのＹさんが、奥さん手作りの流動食、ペースト食を食べるようになりました。それもたくさん。

奥さんも、娘さんも、おおいに喜び、そして不思議がりました。病院や施設では、あれだけ何の反応もなかったのに、と。

自宅に帰ると、食欲が出てきたり、痛みが軽くなったり、夜ぐっすり眠れるようになったり……ということは、しばしば経験します。暴れていた人（せん妄）が落ち着いたということもよく経験します。

でも、返事もしなかった人が会話をするようになった、というのは、私たちにもはじめての経験でした。

自宅ですごすことの素晴らしさを感じることができました。

じつは、妻と娘さんは、Yさんの自宅での療養が始まってから、ずっと息をひそめて、静かな環境を心がけていたそうです。

自宅では、近所の小学生の通学のにぎやかな声、ご近所さんのあいさつの声、お勝手のカチャカチャいう音、掃除機の音、渡る風、家のにおい、天井のシミ、すべてひっくるめてお家《うち》なのですから、静かにする必要はないのですよ。

いつもの音、いつものにおい、いつもの風がご自宅なのですよ。

そうお話しすると、安心されました。

そうするうちに、また食事量が落ち、熱も出てきました。積極的に治療をおこなうとすれば、入院・絶食・点滴ですが、ご家族も、もう入院は希望されません。

食べたい物、飲みたい物を、口からとれるだけの量をとって。好きな入浴も、予定したとおりにおこなって。

妻には、時間があれば手を握って、昔の楽しかった時の話をしてもらうよう、お願いしました。「あの時は楽しかったですね」と言うと、夫が握っていた手をピクッと握り返してくれたそうです。

「先生の言われるように手を握っていたからわかったんです。夫婦ですから、いろいろありましたとも。でも、あれで私は生きていけます」

Yさんは、自宅でおよそ3週間をすごし、静かに亡くなられました。

解説

石飛幸三医師『「平穏死」のすすめ』

食べられなくなったら、どうしますか？

「食べられなくなれば、ハイ胃瘻、いっちょあがり！」

と、何も考えず胃瘻にする風潮がありました。

でも、それは本人にとって、幸せなことだろうか。

それを世に問われたのが、石飛幸三先生であり、著書『「平穏死」のすすめ』です。

私どもは、東京・世田谷の特別養護老人ホーム「芦花《ろか》ホーム」まで、石飛先生に教えを受けにいきました。石飛先生を広島にお招きし、これまでに3回、市民公開講演会を開催してきました。多くの方に、石飛先生のお話を聞いてほしいと思っております。

胃瘻にするべきかどうか、迷っておられる方・ご家族には、『「平穏死」のすすめ』を読むことをお勧めすることも多いです。出版されたのはだいぶ前のことになりましたが、今でも内容は十分通用します。

『「平穏死」のすすめ』を読みました、と、当院に訪問診療の依頼に来られる方も、珍しくありません。しかし、Yさんのご家族のように、本当に何度も何度も読み込んでおられた方というのは、なかなかおられません。

納得するまで何度も読み込むというのは、素晴らしいことですね。

出会い6

認知症の妻が支えたMさん
（老衰・がん）

ある日、自営業の男性が、当院外来を風邪症状で受診されました。診察が終わり、処方せん発行をしても、いすに座ってもじもじされています。

ほかに何かおありですか、と聞くと、「じつは親父が2週間食べられていなくて。往診して点滴でもしてもらえないでしょうか」。

それは大変。

その日の午後うかがってみると、男性の父親であるMさんは布団でじっと休んでおられました。

これまで、どこにも通院したことがなく、治療したこともありません。

食事量がしだいに減ってきて、どんどんやせてきます。体力もどんどん落ちてきて、動けなくなってきました。

ご家族は心配されましたが、通院が難しいため、当方に往診の依頼があり、はじめての出会いです。


Ｍさんは87歳。

認知症の妻と２人で暮らしていました。１階が息子さんの経営している会社の事務所で、Ｍさんご夫婦は、その２階で生活されていました。

もうかなり衰弱しており、何か悪性腫瘍《しゅよう》がありそうです。

そこでＣ病院にお願いしてＣＴ検査をおこない、進行した肺がんであることが判明しました。もはやがんには手をつけることができません。


患者さんについて、まったく何の情報もなくても、在宅療養はできなくはありませんが、現在の体の状況についての情報があったほうが、今後の病状変化の予測につながりますので、何も情報がない方の場合には、病院で一度、精密検査（CTなど）をお願いすることが多いです。

食欲が落ちてきた状態では、栄養補給のための流動食となり、食欲不振への薬として、漢方薬、ステロイド薬などが試みられます。Mさんにはとくにステロイド薬が比較的有効で、一時的ですが元気を取り戻しました。

台所のいすに座ったMさんは、タバコをくわえ、お気に入りの帽子をかぶって、私たちとVサインで記念撮影をするほどでした。

もともとオシャレな人だったのですね。

その後、また徐々に衰弱が進みます。とくに食べたいという物もなく、妻がいろいろ工夫して食事を作ります。

認知症のためか、妻にはあまり悲壮感はなく、淡々とした日常生活のなかで妻が介護を続け、そのまま自宅で最期を迎えました。

Ｍさん、奥さんと静かないい時間がすごせましたね。

解説　２週間食べることができていない、とは

食事がとれないこと、というのは、私たちでもときどきはあります。風邪をひいて熱が高い時とか、お腹《なか》をこわして下痢をしている時とか。でも、２～３日もすれば、元に戻ることがふつうです。

２週間も食事を満足にとれない、となると、やはり大きな病気がひそんでいるのではないか、ということになります。高齢者であれば、がんを疑うことになります。

ですが、がんではなく、ほかの病気の可能性もありますので、一度はＣＴなどの精

カメラに向かってＶサインをするＭさんと筆者。

密検査をお勧めしています。治療可能な病気なのか、そうでないのかの判断が、そのあとの対応に大きくかかわってきますので。

　がんの場合、亡くなられる１～２カ月前までは、ほとんど何の症状もない、ということも珍しくありません。

　そして、食事量が落ちてきた、ということになると、人生の残された時間は、２週間から１カ月程度という予測になってきます。

「人間も生き物ですから、食べないと、身体は持ちません」と説明すると、そこではじめて、「ああ、終わりが近いということか」と気がつかれるご家族も多いです。

　終わりが来るとは、思ってもいなかった。どんな状況で終わりを迎えるのか、考えたこともなかった。――と、いうことなのだろうと思います。

出会い7

方言の強かったIさん……(肺がん)

　Iさんは78歳。

　近隣県の漁師町で、かまぼこ工場に勤めていました。

　体調が悪くなったので、広島の娘さん一家の社宅で、同居することになりました。そして精密検査を受けたところ、肺がん、しかも相当進行していました。

　抗がん剤治療をおこなわず、在宅（娘さんの家）で生活することを選択されました。

　Y病院で「もう治療はない」と言われて、途方に暮れた父娘は、通院途中に当院の看板を見て、藁《わら》にもすがる思いで外来に来られました。

　娘さんには、「父だけでなく私にまで、ニッコリして話しかけてくださり、ありがとうございます」と言われました。娘さんとご家族に「社宅でも看取りはできますよ、大丈夫ですよ」と伝えると、とても喜ばれました。

そこから、当院に診療の依頼です。

最初は外来に通院できていたのですが、みるみる衰弱が進み、外来通院が困難となり、訪問診療となっていきました。

Iさんは、漁師町育ちの人によくいる、「無口で、口べた」の人でした。ぼそぼそっと話されるのですが、これがまた方言が強い。ふつうの方でしたら、会話を聞き取って理解するのが難しかったかもしれません。何度も聞き返す必要がある場面もありそうなくらいでした。

ところが、私（緩和ケア医）は魚釣りが趣味で、これまであちこちの漁師さんともおつきあいをしてきました。こういった漁師特有の話し方、方言などを聞き取るのは、ほとんど苦になりません。Iさんの言うこと、言いたいことが、よく理解できたのです。

このため、Ｉさんにすっかり信頼していただけたのでした。

Ｉさんは、自力でトイレに行くことにこだわりがあり、トイレのすぐそばの部屋に休んでおられました。最期の日の朝も、這《は》ってトイレに行かれたそうです。

Ｉさんは結局、最期まで入院を希望されず、在宅のままでお亡くなりになりました。

今振り返ると、きっとＩさんは、大きな病院の医師や看護師さんに、同じことを何回も聞き返されたり、言い直しさせられたりしていたんだろうなあ、というふうに思います。

どうして自分の言うことをわかってくれないのかなあ、と、Ｉさんは、そう思っていたかもしれません。

趣味（釣り）が役に立ったなあ、と、ちょっとうれしく、でもちょっと複雑な気持ちになったのを思い出します。

解説

トイレに行く、ということ

最期までトイレに行く、というのは、人間としての尊厳にかかわる部分で、とても大事なポイントです。

「ポータブルトイレにすればいいじゃない？」とか、「動けないなら、おむつにすればいいじゃない？」と、周囲の人は言ってしまいがちですが、それは個人の尊厳として受け入れ難いものでもあるのです。

どの程度、受け入れていくのかは、人それぞれ、違いはありますが。

自分でトイレに行く。そのための環境を整えることが重要です。

動けなくなってくれば、ふつうですと「介護ベッド」を導入、という話になります。ベッドだと、起き上がりや立ち上がりが楽にできる場合もあります。

が、這いずって移動してトイレに行く、という方にとっては、ベッドだと「動けない、トイレに行けない」ということになってしまいます。そういう方には、ベッドではなく、布団の生活のほうが、よいのです。

1人1人の尊厳、こだわりを、大切にしていくことが大事です。

出会い8

果物制限を受けていたOさん…………（肺がん）

Oさんは88歳。

10年前に、子宮がんの手術と放射線治療を受けています。

足のむくみがしだいにひどくなってきたために、K病院に入院、むくみはリンパ浮《ふ》腫《しゅ》で、弾性ストッキングで様子を見ることになったのですが、入院精査によって、拡張型心筋症、肺がんがあることも判明しました。

全身状態から判断して、がんの治療をおこなうことはできませんでした。

すでに夫とは死別、子どもたちも独立しており、1人暮らしです。そのため、K病院を退院して、海岸近くの病院に転院療養していました。

ところが、そこは基本的には老人病院です。認知症の人がほとんどであり、会話をかわせる相手もいません。

おまけに、「腎機能が少し悪い、カリウムが少し高い」という理由で、果物をまったく食べてはいけないなど、厳しい食事制限を強制されていたのでした。

進行がんの人に対しては、食事制限はおこなわないことがふつうです。食欲を出していただき、食べたい物をしっかり食べていただく、というのが基本になります。

ご家族も、進行肺がんであることは承知しており、好物の果物を制限されているのをかわいそうに思っていました。好きに生活させてあげたい、と思い始めていました。本人には、がんであることは伏せてありましたが、「こんな、話し相手もいない病院はいやだ、家に帰りたい」と本人が言い出したので、それを機会に自宅で療養をすることに決まりました。

在宅主治医として当方に依頼がありました。

退院当日に、私たちのはじめての出会いです。


私が、食事制限はまったくなしにしましょう、と言うと、とても喜ばれました。

食べるといっても、がん末期の食欲不振なので、１人前の量の半分くらいのものなのです。食事制限より、しっかり食べることのほうが大事です。

食欲が出るように漢方薬などを併用し、食べたい物をほしいだけ。

むくみも少し減って、安定した時期をすごせました。


そのうち、腰の痛みも出てきました。骨転移か、とも思いましたが、どうも骨粗《こつそ》鬆症《しょうしょう》の痛みのようです。骨粗鬆症治療のための注射を開始して、症状をやわらげることができました。

自宅で半年が過ぎ、ゆっくりと衰弱は進み、トイレ歩行が息苦しくなりました。

でももう、病院に行こう、とは本人も家族も言いません。最期まで自宅で。全員の思いは一致しています。

いつ急変があっても、それは覚悟の上、本人の希望どおりに、と意思統一です。

在宅酸素も開始となり、ベッドの横にポータブルトイレを設置します。


市内に住む息子さんが、1日おきに泊まり込むようになりました。ヘルパーさんも毎日入り、緩和ケア医、訪問看護師も定期的に様子を見に来ます。東京のお孫さんが、婚約者といっしょに会いに来てくれました。

みなさんにこんなにしてもらって申し訳ない、こんなに幸せでいいのかしら、と、Oさんはお話しされていました。


その数日後の朝。

泊まり込んでいた息子さんが部屋に行ってみると、Oさんは、もう呼吸をしておられませんでした。

前の日には、いつものお気に入りのヘルパーさんや訪問看護師さんに、「いつもありがとうね～。わたしはシアワセだわ～」と、いつものあいさつをされ、夜は、息子さんとふつうに会話をしていたそうです。

苦しむことのない、静かな静かな最期の日々でした。

解説　果物制限、食事制限

医師の世界ではよく言われる言葉ですが、「私たちは病気を診ているんじゃない、患者さんを診ているんだ」というものがあります。

パソコンのほうだけを見て（データだけを見て）、私の顔を一度も見てくれなかった、あんな病院にはもう行かない、という話も、よく聞きます。

もちろん、血液検査データも重要ではありますが、やはり、人間としての全体像を把握して、治療方針を決めるのが基本であろうと思います。たとえば、糖尿病や高脂血症の方について、元気な若い方であるなら、食事制限のお話は、意味があるでしょう。10年後の脳卒中の確率を下げる、ということに意味があるからです。

しかし、人生の終盤を迎えて、食事量が半分に減っている方に対して、食事制限を強制するなんて、意味はないでしょう。

これは、病院の医師だけの問題ではなくて、その病院全体の文化の問題のような気もします。

人生の、最後の最後になって、「あれを食べてはダメ、これもダメ」って、言われたくないですよね。一口でもいいから食べて、「ああ、おいしかった」と言っていただければ、と、在宅チームはみんな思っています。

何を食べても、いいんですよ。

お酒が好きな方なら、お酒もいいんですよ。

III

ケアマネジャーからの依頼

5つの出会い

出会い９

家ですごしたかったTさん

（胃がん）

Tさんは83歳。

原子爆弾の爆発の瞬間を見たのだ、と話をされておりました。

戦後は妻と２人で自営業をされていました。

しだいに目が見えなくなっていき、ついには全盲となってしまいました。その時に、店はたたんでしまい、マンションの一室には、お店の残り物が山と積んであって、いまだに処分できていない、という話でした。

ある時、腹痛で入院したところ、胃がんが見つかりました。治療をどうしますか？と相談しているうちに、病院でベッドから転落し、骨折してしまいました。

住み慣れた自宅であれば、目が見えなくても、トイレへの移動など、日常生活の動作は慣れていて大丈夫だったのですが、環境が変わったため、これからも転落・転倒の危険があります。

骨折治療は最低限で切り上げて、がん治療は受けないことに決めて、自宅に帰ることになりました。在宅緩和ケア医を、とケアマネジャーから私たちに依頼があり、ご自宅で、私たちのはじめての出会いです。

Ｔさんには、１つだけ気になっていることがありました。

目が見えなくなったり、胃がんになったり……、これを原爆症と認定してほしい、という思いがあったのです。自分の体調が悪いのは、原爆のせいだと認定してほしい。

目が見えなくなったことで、すでに何度か申請をしていたのですが、必要な書類がそろわなくて、認定を受けることができていませんでした。

今回は胃がん。生検の組織診断も出ていますので、当院から申請して、ようやく認定を受けることができました。

被爆当時のお話、その後のご苦労されたお話など、いろいろ聞かせていただきました。

広島は、がんばって働き、がんばって生きてこられた、多くの人のおかげで今がある、ということが、よくわかります。

Tさんの胃がんは進行は遅いタイプのようでしたが、しだいにやせが進んできます。

「Tさん、被爆証言はずっとためらっておられたとのことですが、病気療養中でもできる社会貢献ですよ」とお勧めしていました。

体調のよいときに、しかるべきところで、証言の録画をしていただけました。

あるとき、室内で転倒し、圧迫骨折を起こし、痛くて動けず、入院になってしまいました。今度の入院では、痛みのためもあり、起き上がることはないので、ベッドから転落、という心配はありませんでしたが、食欲が急激に落ちてしまいました。

これ以上、入院を続けてもいいことにならない。病院の担当医やソーシャルワーカーさんたちも、同じ見解です。

本人は、自宅への退院の希望が強く、病院で退院前カンファレンスという会議を開催してもらいました。妻だけでなく、市内在住の娘さん、遠方の息子さんも参加されました。ご家族は、心配ではあるのですが、本人の意思が強いため、退院することになりました。

退院しても、食欲はあまり回復しません。やせがしだいに進行していきますが、痛みや苦しみはありません。

ケアマネジャー、在宅医、訪問看護師、訪問薬剤師、ヘルパーステーション、24時間対応のヘルパー事業所、デイサービス。

みんなでTさんとご家族を支えます。

そうして、Tさんはご自宅で静かにお亡くなりになりました。

Ｔさん、本当にご苦労されましたね。Ｔさんのような方々のおかげで、今の広島、今の私たちがあるのです。感謝、感謝です。

解説　退院前カンファレンス

入院で治療された方が、退院してご自宅に戻るにあたり、退院後の問題点や注意点について、入院チームと在宅チームとで、認識を共有しておく必要があります。場合によっては、退院前に、自宅環境の整備や、治療用品レンタルなどの手配をすませておかなければならない場合もあります。特殊な薬剤などの場合は、退院後を担当する薬局が、あらかじめ問屋から仕入れておかなければなりません。

こうした話し合いの場が、「退院前カンファレンス」です。

以前は、「退院時の紹介状」１枚だけを持たされて退院してきたという、信じられない状況も珍しくなかったのです。

現在の退院前カンファレンスには、医療・介護関係者だけではなく、ご本人・ご家族も出席されることが多いです。本人の希望を全員で確認することができれば、今後、何かあった時に、どういう方針で対応するべきか、全員の意思統一ができます。

ご家族も、疑問点・心配な点を質問したり、今後お願いしたい内容をチーム全員に述べる機会とすることができます。

本人のご希望が、「もう病院には行かない、最期も自宅で」であったりします。「もし、○○の症状が出たら、再入院しましょう」という話だったりもします。

今後の方針を、チーム全員が共有する大事な会議ですので、私どもも、可能な限り出席するようにしています。

もし可能であれば、遠方のご家族（子どもさんなど）も、退院前カンファレンスには出席していただけると、とてもありがたいです。

出会い 10

奥さんが先に亡くなったSさん

……（心不全）

Sさんは89歳。

脳梗塞《こうそく》と心不全で、寝たきりになっていました。ご自宅で妻と2人暮らしです。

仙骨《せんこつ》部（＝おしりの中央あたり）に褥瘡《じょくそう》（床ずれ）ができて、A病院の皮膚科を受診したのですが、その後の定期的通院が難しい。

このため、ふだんは在宅医で管理してもらいましょう、ということで、ケアマネジャーから依頼があり、ご自宅ではじめての出会いです。

病院で指示されたとおりの方法で、訪問看護師さんが処置するのですが、なかなか改善してきません。病院の指示から逸脱し、当方が、褥瘡用のスプレーを試みたところ、非常によく効いて、結局3カ月かかって、皮膚がきれいになりました。

その後も、心不全が悪化したり、小さなピンチは訪れますが、何とか乗り越えていきました。本人に「歩きたい」という希望が出てきたため、訪問看護ステーションからの訪問リハビリで、座る練習が開始になっていました。

ある時、高熱が出るようになりました。いろいろ試みても熱が下がりません。解熱剤もほとんど効果がないのです。

これはおかしい。

B病院に入院し、精密検査を受けたところ、腹部のリンパ節がたくさん腫《は》れており、その他の所見からも、悪性リンパ腫と診断されました。

高齢で体力もなく、本人・家族からも積極的治療の希望はなく、対症療法のみをおこない、在宅看取りの方針となりました。覚悟を決めての退院です。

ステロイド薬が非常に有効で、熱は下がり、食事もとれるようになりました。しかし、入院で足腰はかなり弱ってしまい、その後は完全に寝たきりでした。奥さんが買い物や料理で、がんばってSさんを支えています。

ある日、食事中に奥さんが食事をノドに詰まらせてしまい、救急車で運ばれましたが、助かりませんでした。その次の訪問診療の時に、Sさんが、「ばあさん死にました」と、私たちにつぶやきました。

淡々とした、その話しぶりを、忘れることはできません。

悪性リンパ腫と診断されてから1年が過ぎ、Sさんはご自宅で静かにお亡くなりになりました。

Sさん、「ばあさん死にました」という言葉には、どういう思いがこもっていたのですかねえ。

解説

老夫婦2人の生活

高齢社会となり、夫婦2人暮らし、あるいは、1人暮らしの高齢者は、非常に多くなっています。

高齢1人暮らしですと、町内会長さんや民生委員さんが、ふだんから気にかけて、見守ってくださることが多いです。

しかし、2人暮らしですと、「あそこのご家庭は、2人いるので安心だ」と判断されてしまい、見守りもおこなわれないこともあります。何かあれば、どちらかが連絡してくれるだろう、と。

ところが、２人暮らしといっても、実際は、支えているのがどちらか片方だけで、１人でがんばっている状況のこともあるのです。支えている方の側が、急に倒れてしまうこともありえます。

２人暮らしになったならば、ぜひ隣《となり》近所に声をかけ、ふだんから、お互いの見守りをしてください。そして、「介護保険はまだ早い」と言わずに、定期的に、ヘルパーさんや訪問看護師さんなど、誰かが様子を見に来てくれる、という環境を作っておきましょう。

出会い11

蘇生後脳症のあったTさん……（盲腸がん）

Tさんは67歳。

４年前に同居者が亡くなり、１人暮らしをしていた女性でした。

急性心筋梗塞で倒れ、何とか命は助かったものの、蘇《そ》生《せい》後《ご》脳症が残ってしまいました。入院していても、脳症のために、無断外出・外泊を繰り返したりするため、退院となっていました。

退院の翌年、体がしんどいということで、ケアマネジャーを通じて訪問診療の依頼があり、ご自宅で、当方とのはじめての出会いです。

エレベーターのないビルの３階に部屋があり、階段は狭くて急です。家から出ることもほとんどできなくなっており、部屋の中はゴミ屋敷状態。食事も、栄養バランスのよい食事など、とうてい困難な状況でした。

でも本人は脳症のためか、大丈夫、ちゃんとやっている、と病院への外来受診は拒否します。何とか、訪問診療・訪問看護だけは受け入れていただきました。

脳症があり、同じ話をぐるぐると繰り返すため、話をここまで進めるだけでも、大変でした。

体のしんどさの原因は、貧血でした。鉄欠乏の貧血があり、偏《かたよ》った食事が原因のようでした。鉄剤の内服で、しんどさは改善していきました。

その後、今度は下腹部痛です。さすがにＴさんも痛みには困ったようで、病院への紹介受診を何とか受け入れていただきました。

検査してみると、盲腸がんで、肝臓転移・リンパ節転移があります。

でも本人は、入院手術などの勧めは断り、漢方薬を飲んでいれば治ると言って、帰ってきたのでした。外来の再診予約日にも、結局、通院されませんでした。

そのうちに、リンパ節転移の部分が皮膚を食い破り、皮膚に穴があいてしまいました。急いで病院に行っていただきましたが、やはり入院も通院も拒否されます。仕方がないので、消毒・ガーゼ交換などは、在宅チームが毎日おこなっていきました。

何とか、感染を起こさずに経過することができ、穴もしだいに小さくなり、滲出《しんしゅつ》液《えき》も、にじんでこなくなりました。

そのうちに、食欲不振や嘔吐《おうと》が見られるようになりました。がんによる症状です。しかし本人は、「食べた物が悪かった」と、自分なりの解釈をされており、とくに不安や、何かの希望を話されることはなく、このまま家にいたい、ということだけでした。

世間が年末休みに入ったある日、Tさんは静かに自宅でお亡くなりになりました。

Tさん、意思表示されたとおりに、最期の日々をすごすことができましたね。

亡くなられたあと、ケアマネジャーさんや大家さんは、いろいろな手続きで大変だったみたいですよ。

解説 訪問看護ステーション

体調が悪くなった時に、訪問看護師さんが家に来てくれると、安心ですよね。

ふだんの状況ですと、訪問看護は週1回程度のことも多いですが、状況が悪ければ、回数はもっと増やすことができます。

たとえば、がんの末期ですと、毎日のように訪問看護師さんが家に入ることができきます。褥瘡など、連日の処置が必要な場合も、大丈夫です。

そのためには、医師が「訪問看護指示書」を書いて、指示を出すことが必要です。急な状態悪化などの場合には、「特別訪問看護指示書」を書けば、２週間は、毎日入ることができます。

がん末期など、条件が限られますが、特別指示書でなくても、毎日入ることができる場合もあります（条件は、国が指定しています）。

在宅療養の柱は、医師ではなくて、訪問看護師さんです。

頼りになりますよね！

出会い 12

頭部打撲のあと認知症がひどくなったSさん

（認知症）

Sさんは83歳。

私どもは、すでに亡くなられたSさんの奥さんの在宅主治医でしたので、Sさんとは、顔見知りではありました。

ある時、Sさんは、転倒して頭部を強く打撲《だぼく》。頭蓋《ずがい》内に血腫《けっしゅ》ができており、入院して手術を受けたのでした。

ところが、認知症が急速に悪化してしまい、とても家に帰って生活できそうにありません。自宅ではなく高齢者アパートに退院することとなり、ケアマネジャーを通じて、私たちに訪問診療依頼がありました。

そのアパートの自室で、久しぶりの出会いです。

Ｓさんは、私たちのことを覚えていませんでした。

それどころか、つい先ほどまで入院していたことも、頭の手術を受けたことも、若いころに大きな事故にあったことも、何もかも覚えていないのでした。

なるほど、これでは元の生活には戻れそうにないですねえ。

数年前のご自宅での生活では、毎晩、晩酌《ばんしゃく》をしていることは、私たちは見て知っておりました。しかし、「酒を飲んでいた」ことも忘れている様子でしたので、そのまま、酒なしで生活していただくことにしました。

そもそも、お金がないので、お酒は買えません。

お金を節約するために、ケアマネジャーが工夫し、昼食は弁当をとらず、ランチパックとバナナ、になっておりました。配食弁当よりも、そのほうが安いんです。

それがＳさんの好物でもありましたので、Ｓさんは喜んでおりました。

最初のころは、ヘルパーさんに連れられて、近所のスーパーまで買い物に出かけることはできていました。

しかし、徐々に足腰が弱って、外出できなくなりました。

ある時、自室の床で寝転がっているところを発見されました。どうやら足を滑《すべ》らせたらしいのですが、１人で起き上がることができなかったようなのです。

幸い、骨折などはなく、ふだんどおりの生活に戻りましたが、今後も筋力低下、衰弱が進行すると思われました。

今後、もし何かあった時に、病院に行きたいか、行きたくないか。

Sさん本人の希望を確認したところ、「病院には行かない」と意思表示されました。

時がすぎ。

Sさんは、しだいに寝たきりになっていきました。食べる量も減ってきました。

踵《かかと》に褥瘡ができましたが、これは何とか処置してしのぎました。

この間にも、病院に行きたいか、最期までここにいたいか、日を替え、職種を替え、何度も本人の意思を確認しました。

薬も飲めなくなってきて、水分を少し、飲める程度となりました。飲み込みが悪ければ、吸引が必要になるかもしれないと、吸引器の手配をしたところでした。福祉用具専門相談員さんが、部屋を訪れたところ、Sさんはもう息をしておられませんでした。

Sさん、奥さんが亡くなられてからは、さみしかったですね。

解説

頭を打ったあとで、何か変だと感じたら

転倒して頭をぶつける、ということは、よくあります。

ちょっとタンコブができた、というだけの話なら、いいのですが、「軽い打撲」のようでも、頭蓋内に血腫（血の塊《かたまり》）ができることがあります。しかも、かなりの量の血液が溜まることもあるのです。

そうなりますと、歩行障害、発語障害、排尿障害などが出ることもありますし、認知症が進行してしまう場合もあります。

その段階で、血腫を取り除く手術を受けると、完全に元通りに戻る人もいないことはないのですが、以前の状態までは戻らない人が多いのです。目に見える血腫部分のほかにも、脳にダメージが生じているのであろうと思います。

頭部打撲のあと、半年くらいは、「あれ、何か変だな?」と感じることがあれば、頭のＣＴ検査を受けましょう。じわじわと、血が溜まっているかもしれません。

何か変だな、と感じるのは、本人ではなく、周囲の人の気づきです。

出会い13

検死になってしまったMさん ……（老衰）

Mさんは76歳。

内縁の妻と同居されていたのですが、妻が急に亡くなってしまいました。

もともとは、マメな男だった、ということですが、それからのMさんは、酒浸《さけびた》りです。

それまで、大きな病院で通院治療を受けていましたが、足も弱って通院が困難となりました。

薬がなくなったので、病院に相談しても、「連れて来てください」と言われます。

介護保険の主治医意見書を書いてもらおうとしても、「現状を診察できていないので書けません」との返事です。

大きな病院の対応というのは、そんなものです。

困ってしまったケアマネジャーさんを通じて、当院に訪問診療の依頼があったのでした。診察して、主治医意見書を書かないと、始まりませんので。


ご自宅で、Mさんとのはじめての出会いです。

Mさんは、ひげも髪も伸び放題のボサボサ。室内もゴミが散乱する状態です。

食事も、1日1個の配食弁当と、酒。

亡き妻の知人が見かねて、清掃したり、食事を作って運んでくれたり、支援をしてくださいました。介護ヘルパーとしてではなく、ボランティアでの支援です。


次第に足が弱り、Mさんは室内で転倒したりするようになってきました。夏の暑さで脱水も心配される状況となり、訪問看護も導入されました。

しかし、その訪問看護ステーションは、死亡に立ち会った経験が、まだない、というところだったのです。

夏はなんとか乗り切ったものの、トイレに行くのも難しくなってきました。

ポータブルトイレを設置します。

食事や水分も、ほとんどとれなくなってきました。

知人やケアマネジャーなど、周囲は「そろそろ施設に……」と考え始めていましたが、本人はまだ、自宅での生活を希望されている、という状況になっていました。

意思表示は明確で、無理やりに施設入所、ということはできません。

ガリガリにやせてきており、いつ亡くなられても不思議ではありません。

「このまま食べんかったら、死ぬよ」

と、医師が伝えると、

「ほうか、死ぬか」

と言って、にこっと笑みを浮かべられました。

本人は、最期まで自宅で、とのこだわりも覚悟もある様子でした。

知人の方も、「今日は先生が来る前に、しっこの海をキレイに掃除したんは、私よ」などと話されながらも、「本人の希望をかなえてやりたい」とずっとおっしゃっています。

「本人は『酒を飲みたい』ばっかりじゃが、必要な金は別にしてある。あれもそれもこれも、本人と相談して手配しとる」

と、知人は言います。

私たちも、

「では、いざというときは、救急車を呼ばずに、訪問看護を呼んでくださいね」

と毎回確認していました。

ある朝、ヘルパーさんが部屋に入ってみると、Mさんは床に倒れて冷たくなっておられました。

訪問看護ステーションに連絡が入ったのですが、訪問看護師はすぐに救急車を呼んでしまい、当方への連絡は、その後になってしまったのでした。

「すでに冷たい」状況では、救急車は病院への搬送をせず、警察に連絡をします。

Ｍさんは検死になってしまったのでした。

そのあとで在宅医が到着しても、もう検死の流れを止めることは、できません。


Ｍさん、奥さんが亡くなられたというのが、結局、そういうことになったんですね。

最期まで自宅にいられて、その点は、よかったですね。

しかし、奥さんの知人の方が、警察から根掘り葉掘り事情聴取を受けた、なんていう事態は、想定外だったでしょうね。

知人の方の、「本当にがっかりだよ」という言葉が、耳に残っています。

解説

検死・事情聴取にならない最期のために

あわてて救急車を呼ぶと、検死になってしまうことがあります。

まだ息がある状態なら、救急車は病院に搬送しますが、すでに冷たい状態では、搬送せず、警察に連絡します。

発見者・通報者、居合わせた人、かかわった人が、警察から事情聴取を受けることになるのです。

警察からの事情聴取は、「殺人犯として疑われているのではないか?」と不安になったり、怒りが湧いたり、あまり気分がよいものではありません。

「検死・事情聴取にならないために、かかりつけ医・訪問診療医がいる」というように、考えてもらってよいくらいです。

いざという場面で出動する「用心棒」みたいなイメージです。

救急車を呼ぶかどうか、そこは、ヘルパーさんや訪問看護師さんの経験値にも左右される部分ではあります。

Ｍさんの妻の知人の方は、本当に、よく動いてくださいました。Ｍさんの亡くなられたあとの葬儀の手配や、お寺への連絡・永代供養の手続きなど、全部Ｍさんと相談しながら、すませてくださっていました。

そこまで先回りして配慮できて動ける人というのは、なかなかおられません。


今の日本では、「在宅死」が増加しているのですが、都会では、そのうち半分は「中高年者の孤独死」だといいます。

Ｍさんの場合には、家族こそおりませんでしたが、在宅チームも、知人も、深くかかわっており、「在宅ひとり死（上野千鶴子先生）」ではありますが、けっして孤立や孤独ではありませんでしたよ。

IV

施設からの依頼

5つの出会い

出会い 14

ピンピンコロリを実現できたYさん

……………………………………(認知症)

Yさんは92歳。

認知症となり、自宅生活ができなくなったため、有料老人ホームに入居されておりました。

これまで担当していたクリニックが、在宅診療から撤退することになり、そのあとの担当医の依頼が当院にあり、ホームで、私たちのはじめての出会いです。

Yさんは、認知症の治療が始まって6年が経過しており、もの忘れが非常に激しくなっておりました。

デイサービスから帰った直後でも、「どこにも外出なんか、してませんよ」。それで困ることはなく、おだやかな方で、つねにニコニコされておりました。

壁には、若い歌手グループの写真が貼ってあり、イケメン大好き。

子どものころから日本舞踊を習い、女学校ではコーラスをしていた、ということで、歌や踊りも大好き。公民館のコーラスグループの活動を楽しみにしておりましたし、ホームで踊りを披露されたこともあったそうです。

部屋の中には、大きなトトロのぬいぐるみ。お孫さんからプレゼントされたものらしかったです。言われてみると、体形がトトロそっくり!?

困ったこととしては、収集癖《へき》が見られたことです。

トイレでトイレットペーパーを使用したあと、毎回、使っていないペーパーをぐるぐる巻いて、部屋に持ち帰り、部屋のあちこちにため込んでおられました。

このほかにも、お茶を飲んだあとの空きボトルを、部屋に置くところがないほどため込んでおられました。

その後、数年がたち、認知症がさらに進行するにつれ、収集癖は見られなくなりました。

Yさんの体調は、安定した状態が続いていました。

服用している薬は、血圧、頻尿《ひんにょう》、認知症の薬と、湿疹《しっしん》の外用薬のみ。血圧のコントロールも良好でした。

ある日の訪問診療では、

「何か食べたい物がありますか？」

「明太子。長崎出身だから」

「いいですよ、（新型コロナウイルス感染症で制限されていた）面会も再開になったし、ご家族に差し入れに持ってきてもらってもいいですね。どこか行ってみたいところ、ありますか？」

「東京。昔、高円寺に住んでいたから」

「なるほど。今はコロナも落ち着いてきているので、東京に行くのも大丈夫ですよ。

今度、子どもさんに相談してみては？」

そんな会話をしていたのでした。

その２日後。

倒れているところをホームの職員に発見され、ただちに救急車で病院に運ばれましたが、大動脈瘤《りゅう》の破裂で、１時間後に亡くなられたのでした。

まさに、ピンピンコロリ、でした。

Ｙさん、新型コロナが下火になってきたので、明太子も東京旅行も、実現できそうだったのに、残念でしたね。

新型コロナで中止になっていたコーラス活動が、もうちょっと早く再開されればよかったですね。

解説

ピンピンコロリは、珍しい

ピンピンコロリと逝きたい、という方は多いです。

でも、医療は確実に進歩していますので、簡単に、ポックリとは逝けないことが多いのです。

命は助かっても、障害は残り、障害とともに何年も生きることのほうが、今はふつうです。

Yさんのような状況が、幸せかどうかは別として、本当に珍しいケースです。

確かに、ある意味で、うらやましい状況かもしれませんね。

ピンピンコロリが理想なの、と言われる方が多いですので、ピンピンコロリのケースをご紹介しました。

出会い**15**

心不全があったYさん

（心不全）

Yさんは99歳。

１人で生活されていた女性でしたが、心不全を起こし、入院されました。きっかけは、発熱でした。肺うっ血、胸水もともなう重い状態での入院で、持続注射などで何とか改善し、持続注射からは離脱することができました。

腎機能低下も貧血もあり、すべての状況がからみ合っての心不全であり、今後も低空飛行が予想されました。そのため、１人暮らしはもう無理、と判断されました。

施設入所となり、入所後、私たちのはじめての出会いです。

車いす生活ですが、いつもニコニコと機嫌よく、食事やおやつも「おいしい」と感謝して食べられておりました。心不全そのものは、またいつ悪化してくるかわかりません。が、ご本人はもう、入院は希望されませんでした。徐々に衰弱していく場合には、そのまま施設で看取り、という方針となりました。

2年半が経過したある日、脳梗塞を起こしてしまいました。脳神経外科病院で、血栓溶解《けっせんようかい》療法などを受け、退院したのですが、右半身の不全麻痺と失語症が残りました。「はい」と言えるかどうか、というレベルです。

食事もあまりとれなくなり、徐々に衰弱が進行していきました。脳梗塞退院から3カ月後、Yさんは、静かに永眠されたのでした。

解説

終末期の心不全を、楽にするには

心不全というと、昔は「心臓の収縮力が弱る状態」と考えられておりました。

しかし、心臓は「収縮と拡張」を繰り返しているのです。最近では「収縮ではなく拡張に問題がある」心不全の患者が非常に多いということが、判明してきています。

このタイプの心不全は、回復していくのがなかなか困難で、高齢者の場合には、低空飛行が余儀なくされます。「何かあったら、墜落《ついらく》」を覚悟しなければなりません。

その「何か」というのは、たとえば「発熱」。

風邪をひいただけでも、心不全を引き起こすことになります。

回復してこない心不全ですので、高齢者の場合には、徐々に心臓が弱っていき、しだいに衰弱していくことになります。

そうなると、「入院しても、回復は期待できない段階」ということになります。

「末期心不全」は、緩和ケアの対象疾患となっています。しかし幸いなことに、「徐々に衰弱する超高齢心不全」の場合は、苦しみが生じることはあまりありません。自然な経過で、おだやかに経過することが多いのです。

Yさんの場合も、医療用麻薬など「緩和ケア」目的の特別な薬剤などは不要でした。

どうして心不全の最終末期が、安楽に経過するのか。断言はできませんが……。

心不全というと、浮腫（むくみ）が生じ、息苦しくなります。むくみを生じさせないこと、悪化させないことが、ポイントになるのです。

終末期では、食べる量・飲む量が減り、脱水気味に経過することになります。つまり、むくみが生じにくい自然経過をたどるのです。

ここで、「食べないから」といって点滴をおこなえば、水分が溜まり、むくんで息苦しくなるでしょう。

自然に経過すること、不自然な治療（点滴など）をしないことが、心不全終末期を楽に経過するコツといえるでしょう。

出会い 16

最期まで妻と手をつないでいたかったNさん

（脳腫瘍）

Nさんは88歳。

夫婦と娘さんとで、暮らしておりました。

数カ月前から転倒を繰り返すようになり、検査を受けたところ、脳腫瘍と判明しました。腎機能なども悪く、精密検査もできませんし、手術も困難です。

Nさんは、治療はおこなわず、家族といっしょにすごすことを選択されました。

しかし、認知症症状が急速に悪化したため、自宅生活は難しくなり、かかりつけ医の判断で、いったん入院となりました。

新型コロナの影響で、病院や施設では、面会が制限されていました。付き添いもできません。それはNさんの希望とは違う状況でした。

「妻とは毎日、会いたい」

娘さんは、ご家族がいっしょにすごせる場所を探し、共同生活できる施設を探し出しました。

そして、施設から、在宅緩和ケア医として当方に依頼がありました。

退院して、その施設に入居されたその日に、私たちのはじめての出会いです。

訪問診療、訪問看護、介護ベッドを導入しての生活です。

もう、この時点で、食事量はずいぶん少なくなっていました。経過中に、頭痛や嘔吐も見られ、ますます食事量は落ちていきます。

点滴のご希望があるかどうか、本人・家族と相談をおこないました。

痛いことは本人はきらいである。なので、点滴もきらい。

本人の「痛い」「苦しい」をとってあげることを中心におこなっていくのみとなりました。

弱っていくなかで、「今後、予想される病状と、その時期」について、繰り返しご家族に説明をおこないました。

これでご家族も不安なく、そばにいることができたそうです。

こうして、診断から２カ月、私たちの最初の出会いから１カ月で、Nさんは静かに旅立たれたのでした。

亡くなられたあと、娘さんが思いを話してくれました。

経過が２カ月と短かったことについては、

「もともとピンピンコロリと逝きたい人だった。私（娘）に負担にならんようにと思うちゃったんでしょう。

お母さんと手をつないですごしたいと言っていたので、毎日、朝から晩まで、そうできてよかった。本人が思うようにすごさせてあげることができて、よかった」

と、話されました。

解説　幸せにすごせる場所

何が一番大切か、というのは、人によります。

しかし、「家族といっしょにすごしたい」と希望される方は、とても多いです。

ご家族も、特別なことをしてあげる必要はないのです。隣にいて、手を握ってあげる。それで十分、幸せなんです。

そういう考えの方にとっては、面会制限のある病院や施設というのは、「幸せにすごせる場所」ではないのです。

いっしょにすごせる場所、すごせる時間が、とても幸せ。

出会い 17

家主に搾取されていたHさん

（動脈硬化・肺がん）

落語に出てくる大家さんというのは、いい人が多いですが、現実社会では、なかなかそうもいかないようです。

Hさんは87歳。

妻や子どもはいません、アパートで１人暮らしでした。

８年くらい前に認知症が出始め、金銭面では家賃の滞納が始まったそうです。

そこで、お金を全部、大家さんに預けて、管理をしてもらうことになったらしいのですが、そうすると、大家さんからは、１日１０００円を渡してもらうだけで、あとはどうやら搾取《さくしゅ》されていたらしい、という状況であったそうです。

ある日、転倒し、骨折入院となりました。まだ十分に歩けない状況でしたが、退院して自宅に帰ってきました。

その後は、大家さんからは、１日１食の配膳しかなかったらしく、栄養状態が悪く、足のキズも治りません。再入院となってしまいました。

妹さんが見かねて、今度は退院後、アパートに戻るのではなく、老人ホームに入所となりました。入所されて、私たちのはじめての出会いです。

入所後、まず最初に困ったのは、紹介状に詳しいことがほとんど書かれていなかったことでした。病名に「肺がん」と書かれていましたが、いつ、どこで診断され、どれくらいの進行度なのか、それは本人に説明されている話なのかどうか、といった情報が、まったく書かれていませんでした。

そのほかにも、状況のわからない病名がいくつも並んでいます。

今後の見通しも立てられないし、これではどうしようもない、ということで、地域の基幹病院にお願いして、もう一度、全身チェックのやり直しです。

下肢《かし》のキズが治らないのは、喫煙による全身の動脈硬化が原因であることも判明しました。血流が悪いので、キズ、潰瘍《かいよう》が治らないのです。

皮膚科への通院をしながら、老人ホームの看護師が毎日処置を続けましたが、これは最期まで残り、Ｈさんを悩ませ続けたのでした。

Ｈさんの肺がんは徐々に進行していきます。

緩和ケアは、施設でも受けることができます。なにしろ当方は、緩和ケア医なんですから。

在宅酸素も導入となり、オピオイド（医療用麻薬）も導入して対応です。痛くないように、苦しくないようにコントロールはでき、平穏に生活できました。

衰弱も進行し、徐々に動けなくなり、誤嚥《ごえん》を繰り返すようになってきました。

ある時、大きな誤嚥性肺炎を起こしてしまい、Hさんはお亡くなりになりました。

Hさん、肺がんも含めて、全身がタバコ病の状態でしたね。老人ホームに入所されてからは、もう「タバコを吸いたい」とは言われませんでした。

タバコをやめられるなら、もっと早いほうが、よかったですよね。

それとも、認知症で、タバコを吸うことも忘れてしまっていたのでしょうか。

解説

金銭管理に気をつけて

認知症になると、金銭管理もできなくなってきます。

金銭管理は、信頼できる人に任せないと、お金を使い込まれたりします。本人の生活に必要なものに支出されず、本人以外の生活費・飲食費に化けることも、よくあります。

これは金銭管理という名の「搾取」であり、状況によっては「虐待」ともなります。

金銭を管理するのが、実の子どもならよいのか、というと、そうとも限りませんで、親の年金や生活保護費をアテにして生活している子ども、というケースも多いです。

親孝行する子どもばかりではない、店子《たなこ》を家族同然に見てくれる大家さんばかりではない、ということなのです。

成年後見制度を利用する、という方法もあります。

注意点としては、成年後見制度は万能ではなく、限界がある、ということ。亡くなられたあとのことは、成年後見人では対応できない、ということが多いようです。

死後の対応については、別契約などが必要なこともあるようですから、少しでも頭がしっかりしているうちに、事前に相談・契約しておくことをお勧めします。

出会い 18

先代院長が昔むかし診察したことがあったYさん

（老衰）

Ｙさんは１０３歳。

老人ホームに長く入所されていた男性でした。１００歳を超え、もう年に不足はありません。

本人もご家族も、何かあってももう、積極的治療の希望はありませんでした。

わりとお元気だったＹさんも、ついに食欲が落ちてきました。とはいえ、とくに「ここが悪い」というところがあるわけではありません。つまり、老衰だと思われました。

食事がとれなくなってきました、ということで、ご家族に来ていただき、状況の説明、今後の方針の相談・確認の時間を持ちました。

すると……。

Yさんは、むかーし昔、ある地域に住んでおられたころ、そこの病院で、当院の先代院長に診ていただいていた、お世話になっていた、とおっしゃるのです。

60年も前のことになるでしょう。

そのころの思い出話を、いくつか聞かせていただきました。

当方のことをすっかり信頼していただいて、そのまま施設での看取り方針となりました。Yさんは、静かにその施設でお亡くなりになりました。

患者さんやご家族は、60年前のことであっても、苦しかった時、しんどかった時に治療してもらったことを、覚えておられるのですね。それが現在の私どもへの信頼につながっている。

先代院長に感謝するとともに、私も誠実に、目の前の方々に向き合わなければと、改めて強く思った出来事でした。

解説

入所施設と、担当医

施設に入所すると、「担当医」が変更になる場合があります。特別養護老人ホームや老健（介護老人保健）施設、小規模多機能型ホームなどでは、「施設の医師」が決められており、原則として、それ以外の医師がその施設に行って患者さんを診療することはできません（ごく限られた例外はありますが、本当にごくごく例外です）。

これまでの主治医に、引き続き診察してほしいのにな、と思っても、特養・老健ではダメなんです。

グループホームやサービス付き高齢者住宅などでは、これまで診てもらっていた主治医に、引き続き往診・訪問診療で担当してもらうことは可能です（距離制限など、条件はあります）。

「うちの施設に入ったら、主治医は○○先生になるので、紹介状を書いてもらってきてください」というのは、施設側の勝手な主張であって、それに従う必要はありません。

もし、施設側から主治医変更を強硬に求められたならば、お住まいの地域の地方厚生局に、苦情を申し立ててください。施設に「指導」が入ることになると思います。

でも、どの施設では、決められた施設の医師しかダメで、どの施設では、これまでの担当医でもＯＫなのか、は、患者さん・ご家族にとってはわかりにくいですね。

V

地域包括支援センターからの依頼

3つの出会い

出会い 19

医療を拒否していたEさん

（慢性閉塞性肺疾患〔COPD〕）


Eさんは90歳。

エレベーターのない古いアパートの4階に、1人暮らしの男性でした。

5年前、息苦しさでY病院に入院。肺気腫と診断されました。吸入薬を処方され退院したのですが、2カ月後には、通院を自己中止されておりました。しだいに咳、痰《たん》、息苦しさが続くようになりました。大家さんがとても心配され、地域包括支援センターに相談をされました。

主治医がいないため、介護保険の申請もできない、ということで、地域包括支援センターから、当院に往診の依頼がありました。

そこで、私たちのはじめての出会い、となるはずでしたが……。

最初は、本人から地域包括支援センターに電話がかかり、医療の関与はおことわり、と話されたそうです。仕方なく地域包括支援センターの担当者が、Ｅさん宅を訪れたところ、やはり、かなり息苦しそうだ、とのこと。

「医師の往診について、本人の同意をとりました」とのことで、翌日、地域包括支援センターの方といっしょにＥさん宅を訪問してみましたが、鍵がかかっており、反応がありません。

翌週、「本人が往診を了承しました」とのことで、地域包括支援センターの担当者と時間を合わせて訪問したところ、鍵はあいていて、部屋にはＥさんは不在。もぬけのからでした。部屋の中は「ゴミ屋敷」でした。

本人からの依頼が確認できない、ということで、診察も、介護保険導入も、いったん白紙に戻すことになりました。

1年3カ月後。

やはり苦しくなっている、部屋の中を這《は》って移動する状況になっている、と大家さんから地域包括支援センターに連絡がありました。

大家さんと、地域包括支援センターの担当者と待ち合わせて、訪問しました。

ここでようやく、私たちのはじめての出会いです。

息切れあり、浮腫あり、夜間に頻尿あり。

心不全が疑われる状況でしたが、Eさんは、やはり入院紹介を拒否されました。

仕方がないので、利尿剤などの薬を処方することとして、そのかわり、定期的な訪問診療と訪問看護の導入は了承してもらい、部屋の鍵はかけないことも了承していただきました。

その夏。古いアパートですので、エアコンの効きが悪く、部屋が暑いため、Eさんは室内で熱中症となりました。

訪問看護師が説得し、いったんは入院を承諾されたので、救急車が来たのですが、救急隊に対しては「どうしても病院には行かない」と翻意《ほんい》され、不搬送となったのでした。

仕方なく数日間、訪問看護師さんに指示を出して、自宅で点滴してもらい、ようやく少し楽になりましたが、これを機に、在宅酸素も必要となったのでした。

Eさんは、動けなくなりました。

布団にくるまってすごす生活。排尿も、布団の上で、しびんを使用する状況。

食事もほとんど食べられなくなり、栄養補助飲料と菓子類で生きている状況となりました。

それでも病院入院の希望はありません。

最期までここで、という本人の希望確認を何度もおこないました。

その翌年も、夏が近づくと、体調がめっきり悪くなってきました。

栄養補助飲料もお菓子も、ほとんど食べなくなってきました。酸素以外の治療は、本人が拒否され、点滴もできません。

とくに痛い、苦しい、といったことはなく、低空飛行が続き、夏至《げし》になる前に、Eさんはご自宅で永眠されたのでした。

Eさん、どうしてそんなに医療介入を拒否されているのか、詳しい話をしてくださることはありませんでしたね。

もう少し、本音を語ってくださる関係を、作りたかったですよ。

解説　ゴミ屋敷と、医療拒否

ゴミ屋敷の方というのは、ときどきおられます。珍しいことではありません。

経験上、ゴミ屋敷の方は、医療者の介入を拒否されることが多いです。

エアコンや扇風機も使用されていないケースが多く、「夏を無事に乗り切れるのか」という問題が、毎年毎年、立ちはだかってくるのです。

Eさんの場合には、医療拒否には何か理由がありそうな気がしておりました。

が、医療拒否の理由を語ってくださる方は、ほとんどおられないのです。

心を開いてもらえない。

そうなると、私たち在宅チーム側にも、もやもやした気持ちが残ってしまうんです。

私たちに、もっと何か、できたのではないか……。

私たちに、もっと技量があれば、もう少しは心を開いてもらえたのではないか……

などなど。

自分を責める気持ちが、どうしても、残ってしまうんですよね。

出会い 20

恥ずかしがり屋だったMさん

……（脳梗塞）

Mさんは73歳の男性。

小児期に大きな手術を受け、胸に大きな手術痕《あと》がありました。そのためかどうか、Mさんは、とても恥ずかしがり屋でした。

若いころに「でっち奉公《ぼうこう》」のような形で就職したのですが、「食事を食べてよい、と、誰も言ってくれなかった」とか。食べてもよいか聞くのが恥ずかしかったために、誰にも聞くことができず、就職して3日間、何も食べず、フラフラになってしまった、というほどだったそうです。

そんなMさんはその後、脳梗塞で片麻痺となり、階段から転落して、頸椎《けいつい》症にもなってしまいました。

それでも、電動車いすで近所のラーメン屋に出かけるなど、できていたのですが、年齢とともにしだいに動けなくなり、訪問診療となりました。

ご自宅で、私たちのはじめての出会いです。

Mさんは、動けなくなってきたので、臀部《でんぶ》に褥瘡《じょくそう》ができていました。しかし、恥ずかしくて、それを言うことができていなかったのでした。

私どもの診察で褥瘡が発見され、デイサービス利用時に、施設の看護師に処置してもらうことになったのでした。

最初は人見知りも激しく、人間関係の構築に時間がかかりましたが、慣れてしまえば、いろいろジョークも出てくるようになりました。

Mさんは、デイサービス先に、友だちができていました。

しかし、お友だちとデイサービスの都合で、利用する曜日を、Mさんと合わせることができなくなってしまったのです。

すると、友だちに会えなくなったMさんは、デイに行くのをやめる、と言い出しました。

言い出したら、もう、他人の言うことは聞きません。そのままデイサービスとは疎遠になってしまったのでした。

そうなると、やはり身体状況の確認ができません。ふたたび褥瘡が生じてしまったのです。

デイにはもう行かない、というので、本人を何とか説得して、訪問看護に入ってもらうことになりました。ぐいぐいと懐《ふところ》に入っていき、信頼を得る訪問看護師さんの会話術は、さすがです。

Mさんは、夏の暑さで食欲が落ちました。体もやせてきて、めっきり力が落ちてきたのです。

ある時、ベッドの下の畳の上で、倒れて起き上がれなくなって、ヘルパーさんに助け起こしてもらう、という状況となりました。

本人と相談したところ、病院には行かない、家に最期までいる、と言います。

家で死ぬから、あとは先生よろしく、ということになりました。

そこからは急速に弱り、Mさんはご自宅で静かに亡くなられました。

Mさん、せっかくデイサービスでお友だちができていたのにね。何とか日程調整ができて、毎週会うことができればよかったですね。

解説

デイサービスに行きたがらない理由

デイサービスに行きたがらない人、入浴利用をいやがる人というのは、ときどきおられます。たとえば、乳がんの手術後の方など、他人に裸を見られるのを極度にいやがられる方もおられます。これは、仕方のないことなのでしょう。

幼少時に手術を受けている方のなかにも、デイサービス利用をいやがる方もおられます。はっきり聞いてみたことはないのですが、子ども時代に、傷痕のことをからかわれたり、いじめられたりした経験があるのではないかな、と思います。

デイサービスに行くことを無理強《じ》いはできないのですが、「行ったほうが、明らかに本人のためによい」というケースがほとんどですので、なんとか、デイを受け入れてもらえればいいがなあ……、と思うことが多いです。

出会い 21

左肩を痛めたOさん

（脳梗塞）

Oさんは91歳。

娘さん家族といっしょに住み、生活されていた女性です。

脳梗塞の後遺症があり、Y病院に通院していたのですが、しだいに歩行が難しくなり、病院には行けなくなっていました。

ある日、室内でふらつき、手をついたところ、痛みが出て左肩の動きが悪くなりました。

Oさんの娘さんが、以前、私が在宅看取りをした方のご家族であるMさんと職場の同僚で、Mさんと地域包括支援センターに相談して、当方からの往診を希望され、私たちのはじめての出会いです。

骨折ではなく、脱臼《だっきゅう》でもなさそうですが、痛みがかなり強い。

整形外科への受診を勧めたのですが、Oさんは頑《がん》として同意されず、仕方がないので鎮痛剤で経過観察です。


最初は、食事をするにも不便なほどの痛みでしたが、幸いにして、痛みや動きは徐々に改善していきました。食事などの日常生活では痛みはありませんし、大きく関節を動かす分には、少し制限はありますが、痛いとはおっしゃいません。

それでもやはり、医師の診察を受けたほうが安心だ、ということで、週1回の定期訪問診療が続きます。


夏の暑さも無事に乗り越えたのですが、秋になると、徐々に食欲が落ちてきました。

それで、本人に確認したところ、病院には行かない、との意思は変わりません。

本人の意思があまりに固いものですから、ご家族も、自宅で看取るという方針で固まりました。

食べ物、飲み物に工夫をして、少しでも食べてもらえるようがんばります。

訪問看護と訪問診療が、同じ曜日に交互に入ります。訪問をとても喜ばれ、毎回握手、握手です。

しだいに眠る時間が長くなり、痛みはまったく訴えなくなりました。

亡くなられる2時間前にも、いつもどおり訪問診療をしていました。しゃべれなくなっても、私たちに手を合わせて感謝されます。

そうして、最期は苦しむこともなく、すうっとお亡くなりになりました。

お誕生日があと1週間後で、娘さんは、誕生日を迎えさせてやりたい、と言っておられたので、それだけが残念なことでした。

解説

しゃべれなくても耳は聞こえる

人生の最後の段階になってくると、言葉も出なくなってきますし、反応がないように見える場合も多いものです。もちろん、昏睡《こんすい》状態になっていれば、何の反応もありません。

それでは、昏睡状態の手前の段階ではどうか、ということですが、緩和ケアの領域では、昔から、「最期まで聴覚は残っているといわれています。手を握って、ありがとうと言ってあげてください」と、ご家族にお話しさせていただいています。

何の反応もなさそうに見えても、手を握ったり、さすってあげたりしながら、ありがとうと感謝の言葉をかけたり、昔の楽しかった思い出を、話してもらうようにしています。なかには、その時に、わずかですが反応が見られる方もおられます。

ご家族が、とても喜ばれる瞬間です。

ただたんに「声をかけてあげてください」と言うと、「がんばって！」と、耳元で叫ばれる方も、いないわけではありません。

いやいや、もう十分にがんばって、がんばって、それで静かに最期を迎えようとしているのです。

もう、がんばらなくていい段階なのです。

というわけで、「感謝の言葉を伝えてあげてください。楽しかったことを伝えてあげてください」と、お話しさせていただくようにしています。

VI

訪問看護ステーションからの依頼

4つの出会い

出会い 22

入院するたび、暴言・暴力を繰り返したOさん

（肺がん）

Oさんは87歳。

アパートで1人暮らしの男性です。

1年前に肺炎で入院したのですが、その時、肺に変な影が見つかり、肺がんと診断されたのでした。手術は拒否され、放射線治療だけが施行されておりました。

それから半年後に、肺内に転移が多数出現してきました。

もはや、治療手段はありません。

Oさんは、それから、しばしば高熱が出るようになってきました。

熱と脱水でぐったりして、入院。点滴して元気が出ると、暴言・暴力……という入退院を、何回も繰り返すようになってきました。

今回の入院では、さらに暴言・暴力がひどくなってきて、点滴は自分で引っこ抜く、看護師に対しては点滴台を振り回す、など、入院の意義が望めないほどの行動となりました。

病院からは、今後はもう、入院での引き受けは困難だ、と言われます。

本人も、早く家に帰りたい、と言います。また、次回の状態悪化時の入院も、希望されませんでした。

こうして、在宅看取りの方針となりました。

予後（残された寿命）は1～2週間と予想されたので、退院にあたり、在宅医・訪問看護は必要でしょう、ということで、訪問看護ステーションから当院に依頼がありました。

ＯＫです、すぐ退院前カンファレンスをやりましょう！

なんと、依頼から2時間後には、病院で退院前カンファレンス開催となりました。

その退院前カンファレンスで、私たちのはじめての出会いです。


早く帰りたい、という本人のご希望が再確認できました。

「いいですよ、今からの退院でも、かまいませんよ」というのが、在宅チームの意見でしたが、病院側の事情もあり、翌日の退院となりました。

退院が決定すると、Oさんは満面の笑顔となったのでした。


退院して家に帰られると、すぐに、マンゴープリンと、（とても小さい）あんころもちを食べられました。

帰ってきた、よかった、と話されました。

こういったものが、食べたかったんですね。


ご自宅では、暴言・暴力などは、まったく見られませんでした。病院側からは、

「気むずかしい方です」と伝達されていましたが、いえいえ、とっても落ち着いておられました。

Oさんは、部屋でおだやかにすごされました。

退院して4日目。

お風呂に入りたいなあ、とOさんが言ったそうで、すぐに訪問入浴が手配されました。

翌日、入浴できたOさんは、とてもうれしそうだったそうです。

食欲は回復せず、ほとんど食べられず、飲めなくなってきました。「起き上がれんようになったんよ……」と、少し悲しそうに話されました。

退院して10日目。Oさんはご自宅で静かにお亡くなりになりました。

解説

高齢者のせん妄と、解決策

意識がはっきりせず、変な行動をとる高齢者は、珍しくありません。暴言・暴力、点滴を引っこ抜く、などは、珍しいことではないのです。

本人は、あとで、その時の行動や発言など、まったく覚えていないのがふつうです。

これは「せん妄」と呼ばれる状態です。

高齢者のせん妄は、熱や脱水、肺炎など、身体的な不調を原因として生じることも多いのです。また、環境が変わると、起こりやすいのです。

そうなりますと、せん妄の解決策は、「できるだけ早く元の状態に戻すこと」に尽きます。

長く入院していても、いいことにはなりません。一刻も早く、自宅に戻る、というのが、じつに有効な手段なのです。

Oさんの場合、自宅では、まったく暴言・暴力など見られませんでしたので、もともと入院には向いていない人であった、ということなのでしょう。

急いで退院、在宅チームの導入を、という場合には、病院の相談室、あるいは在宅チーム（訪問診療医、訪問看護師、ケアマネジャーなど）にご相談ください。せん妄の場合には、医師からの説明のあと、同日に退院となることが多く、そのほうが本人のためでもあります。

今回の病院の場合は、病院の都合で、翌日退院だったので、「お役所仕事」的といえるでしょう。

もちろん、当院もすぐに対応しますので、在宅医が必要な場合は、遠慮なく当院にご相談ください。

出会い 23

じつは大金を貯め込んでいたTさん

（脳梗塞）

Tさんは82歳。

脳梗塞の後遺症で、半身麻痺でした。

夫婦で暮らしていたのですが、奥さんは認知症で寝たきり。家の中はゴミ屋敷状態でした。

古い家で、暖房は石油ストーブ。その上に、やかんが載せてあり、湯が沸いています。

ところがTさんは、麻痺があるので、歩行がふらつくことがあり、やかんをひっくり返して足にヤケドを負うことがありました。

ある時、大きなヤケドを負ってしまいました。毎日の訪問看護師による処置が必要です。在宅医も必要だ、ということになり、当院に在宅医の依頼がありました。

ご自宅で、私たちのはじめての出会いです。

Tさんは、基本的には医療介入は拒絶です。高血圧の薬も飲んではくれませんし、足の具合が悪い時にしか、診療をさせてもらえません。

麻痺がありますので、ヤケドや水虫など、皮膚の清潔が保てない状況を繰り返して、その時だけ、詳細な診療・処方ができる状況が続きました。

認知症で寝たきりの奥さんについては、半身麻痺のTさんでは、必要な介護をすることができません。

やはり奥さんも、足の衛生状況などが悪く、食事やおむつ交換なども適切にはおこなわれておらず、客観的に見れば、介護ネグレクト状態です。

しかしTさんは、自分のできる範囲では、がんばって介護されていましたので、ネグレクト事例として行政もかかわりながら、お2人を訪問看護やヘルパーで支えていきました。


　ある時、ケアマネジャーが家に様子を見に行くと、風呂場のほうから、Tさんの声がします。風呂場で転倒して頭を強く打ち、動けなくなっていたのです。

救急車で病院に運ばれ、頭部の血腫の手術です。

奥さんの生活は、家で1人では成り立ちませんから、奥さんも急きょ入院。

その後、ケアマネジャーに探してもらったサービス付き高齢者住宅（サ高住）に、
2人でともに入居となりました。

　Tさんには弟さんがおられました。
入院になったので、弟さんが、入院生活に必要な物を家に取りに入ってみたところ、
部屋から、かなりの金額の札束が発見されたのでした。
　これだけのお金があれば、ゴミ屋敷での生活をする必要はなく、サ高住で死ぬまで

生活可能と思われる金額でした。

このままサ高住に住み続ける、ということであれば、Tさんをめぐる話は、これで一件落着、と思われました。

ところが、話は続きがあります。

数カ月して、元気が回復してきたTさんは、奥さんを連れて、いっしょにそのサ高住を無断で抜け出し、自宅に帰ってしまいました。

戻る意思もありませんので、サ高住との契約も終了です。そしてまた、元の医療介入拒否状態に戻ってしまったのです。

ケアマネジャーが説得し、訪問看護だけは入ってもらえるようになりました。

ある日、急に奥さんの体調が悪化し、救急車で搬送されましたが、そのままお亡くなりになりました。

Tさんの1人暮らしが始まったのですが、以前と同じように、医療介入拒否です。

訪問看護指示書は、最長で6カ月、指示が出せます。

当院の訪問診療は、6カ月に1度だけ、という状況となりましたが、玄関先でチョロチョロッと診察させてもらえるだけでした。

ある日のこと、ケアマネジャーがTさんに連絡しようとしても、連絡がつきません。

大家さんと警察に連絡して、部屋に入ってもらうと、Tさんは自室で亡くなっておられました。

後日、部屋の片付けと、遺品整理をおこなったところ、大量の札束のほかに、多額の株券なども発見された、とのことでした。

Tさん、その金額の大きさに、みんな、びっくりしてしまいました。

少しだけでも、自分たちの生活にお金を使えばよかったのに、と思いましたよ。

解説

ゴミ屋敷の陰にある事情

ゴミ屋敷は、解説で2度目の登場ですね。各地で問題となっています。収集癖、というものではなく、ゴミを捨てることができないという状況ですので、認知症、あるいは、なんらかの精神疾患の存在が、ほぼ確実です。悪臭や害虫発生など、付近への迷惑があれば、行政が強制的に対応することになりますが、自宅内だけにとどまっていれば、強制対応は難しいようです。

貧乏で物が捨てられない生活だった、ということでもないようで、思わぬ大金を貯《た》め込んでいた、というケースもあるようです。もし誰も相続者がいない場合には、国庫に帰属ということになるので、もったいない話なのですが。

それにしても、Tさんの死後に発見された金額については、話を聞いた誰もが驚いたことでした。

出会い 24

息子さんが野菜を作っていたFさん……（老衰）

Fさんは92歳。

息子さんと2人暮らしの男性でした。

これまでは、アルツハイマー型認知症、高血圧などで、近くの内科開業医にて治療を受けていました。しだいに調子が悪くなり、H病院に紹介されました。低栄養、褥瘡《じょくそう》、そしてかなり重度の貧血です。

H病院では、基本は老衰と診断され、入院治療するかどうか、という話になりましたが、本人・ご家族とも、自宅での生活、最期も自宅で、を希望されました。

このままだと余命は短いですよ、という説明に納得しての、在宅選択です。

貧血のため、輸血のみおこなって、H病院は終了です。

褥瘡は、N病院皮膚科に紹介受診となりました。

かなり深い褥瘡が2カ所あり、訪問看護ステーションと訪問診療医が入ることになりました。

これまでの内科開業医さんが往診されないため、当方に訪問診療医の依頼があり、ご自宅ではじめての出会いです。

息子さんが、玄関前の駐車スペースに、プランターを何個も並べ、野菜を作っておられました。

その野菜を入れて、ミキサー食を作り、それをFさんに食べさせます。

自分で作った野菜を食べる・食べさせるということに、息子さんのこだわりがありました。

本来なら、普通車でも大丈夫な広さの駐車スペースなのですが、何しろプランターの数が多いものですから、往診用の軽自動車であっても、車庫入れは毎回、とても気を遣《つか》いました。

息子さんの食事介助のかいあってか、一時は食欲も回復し、親子で口げんかができるくらいに元気が回復したのでした。

「バカ、とか、ほっといてくれ、とか、言うんですよ」と息子さん。


デイサービスでは、栄養補助の飲料も使用します。しかし、しだいにまた食欲が落ち、飲み込みも悪くなり、錠剤を服用することが困難になりました。

食事でもムセが出ます。水分の摂取量も減ってきました。体も動かさなくなり、褥瘡も悪化します。

お菓子（キャラメルコーン）だけは喜んで食べます。

お好きな物なら、何でもいいですよ。


ご本人と家族の意向を再確認します。

「本人は入院はイヤだと言っていた。最期は家で迎えさせてやりたいと思い、H病院でも入院を選択しなかった。これまでの経過、そのとおりにいきたい」

ご家族はそうおっしゃいました。

在宅医療を選択されて4カ月後。

ある日、デイサービスに行ったものの、あまりに調子が悪いので、家に帰された、と連絡がありました。

Fさんは、その日、ご自宅で静かにお亡くなりになりました。

Fさん、息子さんが作ってくれた野菜、新鮮でおいしかったでしょうね。

解説

お菓子なら食べる

人生の最終盤になってくると、食事量は減ってきます。いろいろ食べる物・飲む物を工夫し、栄養補助食品なども試みるのですが、それでも、あまり食べられなくなってきます。

その段階でも、「お菓子なら食べる」という方が、珍しくないんです。本当の最期の最後では、「アイスなら食べる」という人も多いです。

こういう段階では、「高級アイスがいいですよ、たとえばハーゲンダッツなど」とお勧めしています。

そのもう少し前の段階では、かっぱえびせんなら食べる、卵せんべいなら食べる（草《そう》加《か》煎餅《せんべい》などの硬いせんべいではない）、という方が、けっこうおられました。なつかしい味なのかもしれないですが、そこはよくわかりません。

みんなニコニコしながら、「おいしいんよ」と言いながら、お菓子を食べています。

通常の食事は、まったく食べないのに、です。

キャラメルコーンなら食べる、という話は、Fさんだけです。子どものころに食べた、懐かしい味、というわけでもないでしょうし、なぜなんでしょうね？

口溶けがよくて食べやすい、というのは、あるかもしれません。

状態が悪化した時に、味覚が変わる、というのは、よくあります。

これまで好きだったものを受け付けなくなる。逆に、きらいだったものを、好んで食べるようになる。さまざまです。

お菓子なども、いろいろ試してみたら、いいかもしれないですね。

出会い 25

在宅主治医が決まらないまま退院したTさん

……………………（慢性閉塞性肺疾患〈COPD〉）

Tさんは79歳。

肺気腫、パーキンソン病で、Y病院外来に通院されていました。

ある時、誤嚥性肺炎を起こし、入院しました。

脱水と肺炎は、点滴治療で改善し、退院はできましたが、在宅の主治医を決めないままの退院でした。

しかし嚥下《えんげ》障害は改善されたわけではありません。退院後、数日のうちに、また誤嚥をして、状態が悪くなりました。

訪問看護ステーションの所長さんから、「紹介状など何もないのですが」と、翌日の訪問診療の依頼がありました。

ご自宅で、私たちのはじめての出会いです。

病院の主治医からは、退院時に、状態はよくないこと、自宅で死亡で発見されれば、病院に運んで死亡確認するしかないだろう、と説明されていました。

パーキンソン病は、身体の動きはしだいに悪くなっていきますが、意識状態はわりと保たれることが多い疾患です。Tさんも、意思表示がしっかりできました。

そこで、Tさんとご家族に、最期はどこでどうすごしたいのか、確認です。

最期まで家にいたいですか？　という質問に、Tさんははっきりと、うなずかれました。

奥さんは、どうしたらいいのか、よくわからない、とおっしゃいます。

よくわからない時には、本人の思いに沿ってあげればいいと思います。今の時点では、最期まで家で、というのがご本人の希望です。もちろん、希望が変わるようなことがあれば、いつでも方針転換できますよ。

ということで、本人の思いを尊重することで方針は決まりました。

ご自宅で点滴を開始し、熱もなくなり、Tさんの表情もよくなりました。

しかし、数日すると、また次の問題が生じました。酸素の取り込みが低下してきたのです。

これまで、病院の主治医から、在宅酸素を勧められてきましたが、Tさん本人が拒否されて導入できていませんでした。

今度は同意されましたので、すぐに在宅酸素の導入です。

酸素飽和度が下がる状況ですので、乗り越えられるかどうか、わかりません。乗り越えられないかもしれません。

それでもTさんは、もう入院は希望されませんでした。

ある朝、奥さんに、呼吸をしていない状態で発見されました。

奥さんによると、昨日の夕食は食べた、昨夜は苦しそうなところはなかった、とのことでした。

苦しむことなく、最期まで家で暮らすことができました。

Tさん、最期まで家にいることができて、よかったですね。

解説

「在宅で最期まで」をかなえるために、しておくこと

在宅で最期まで、というご希望があるならば、死亡確認のためだけに、病院に運ばれる、というのは、あんまりですよね。最期の最後になって、本人の希望を覆《くつがえ》すことになります。

そもそも、遺体搬送というのは、救急隊の仕事ではありません。救急隊は、「助かるかもしれない命」を、病院に運ばなければなりません、余計な負担を増やしたのでは、助かる人も助からなくなる事態となってしまいます。

在宅医（往診してくれるかかりつけ医）がいれば、そのような事態は起こりません。念のため、でかまいませんので、退院時には、在宅医と訪問看護ステーションを決めてから退院するのが、いいですよ。

Ⅶ

病院の退院支援室や地域連携室からの依頼

5つの出会い

出会い 26

緩和ケア病棟に戻ったKさん

（肺がん）

Kさんは81歳。

T病院内科で、高脂血症の治療を続けていた男性でした。

ある時の定期検査で、胸部レントゲン異常が見つかり、精密検査の結果は、肺がんでした。

イレッサなどの抗がん剤治療はとくに希望されませんでした。

緩和ケアへの紹介のみ希望され、K病院緩和ケア外来を受診されました。

とはいえ、すぐに入院が必要な状態ではありません。その後、約1年ほどは、T病院とK病院緩和ケア外来を、交互に受診する状況が続きます。しだいに胸水が溜まり、息苦しくなってきたため、緩和ケア病棟に入院となったのですが、胸水排液治療1回で胸水はコントロールでき、一時的にまた安定した状況が得られました。

　そうなるとKさん、自宅に帰りたくて仕方なくなりました。

そこで、病院から、在宅の担当医を当方に依頼する電話がありました。

いいですよ、当方はいつからでもOKですよ。

在宅酸素を手配して、その日のうちに急きょ退院です。

退院日の翌日、ご自宅で、当方とはじめての出会いとなりました。

家はいいなあ。食事もおいしいし、夜もよく眠れる。

家に帰って何をするわけでもないし、何もできないのだけれど、窓から植木を見るのが楽しみだ。寒いから庭に出るわけじゃないけどね、とおっしゃいます。

急な退院で、在宅に向けての環境整備も何もできていませんので、手すりをつけたり電動ベッドを入れたり、急いで環境を整えます。

退院後、ゆっくりと、しだいに動けなくなり、食事の量も徐々に減ってきます。

Kさん本人は、家で最期までいる覚悟を決めていたのですが、ご家族はやっぱり不安です。

今後の経過予測の説明など、ご家族の不安を軽減するように、在宅チームは取り組みを始めていました。

年末が近づいていました。クリスマスのころには連休にもなります。

病院も連休、そして年末年始休みの体制に入ります。

緩和ケア病棟も、いざという時のためにベッドを確保しておく必要がありますので、退院後の患者さんの今の様子や、入院のご希望を確認する必要があります。

Kさんの家にも、病棟から電話がかかってきました。

状態はどうですか？　入院を希望されますか？

これを逃したら、もしかしたら入院できないのかも、と思ってしまったご家族は、緩和ケア病棟へ再入院を希望し、「今なら入院できるから」ということで、本人を説得してしまいました。

再入院して１週間後、Ｋさんは緩和ケア病棟で亡くなられました。もうあと３日で新年、という日でした。

在宅チームが、ご家族の不安をもう少し軽くしてあげられていたなら、最期まで家ですごしてもらうことができたかもなあ、と、自分たちの力不足を反省するばかりでした。

解説

緩和ケア病棟

人生の最期をすごす場所は、病院、自宅、施設の３つです。

このうち、病院のなかでも、「緩和ケア病棟」というのがあります。

主には末期がんの方が、緩和ケアを受ける目的で入院される病棟です。がんの方であっても、積極的治療を受ける方は、緩和ケア病棟ではなく、一般病棟への入院です。

緩和ケア病棟では、基本的には、がんの積極的治療はおこないません。

そのため、看護師などが、夜間の緊急入院対応などでパタパタ走り回り、やかましくて眠れない、などという状況にはなく、静かな静かな病棟です。

緩和ケア病棟は、どこの病院にもあるわけではありません。また、病床ベッド数も少ないため、入院待ちとなることがふつうです。

今日、電話で申し込みをして、すぐに入院できる、ということはなく、まずは状況確認や希望確認で、緩和ケア病棟入院のための面談を受けておき、入院申し込みをしておくことが必要です。

もし、「いずれは緩和ケア病棟へ」というご希望があるならば、できるだけ早く、面談予約をとり、面談を受けておきましょう。

本当に体調が悪化してからでは、本人が面談に行くことが不可能となってしまいますし、入院待ち期間中に亡くなられるかもしれません。

また、緩和ケア病棟は、「一度入院したら、もう終わり」ではありません。

痛みなどの症状を軽減する専門病床ですので、薬の調整などによって痛みが軽くなり、食欲が回復して、また自宅に戻る、という方も多くなっています。

痛みが落ち着けば、退院されたあと「痛みさえ何とかなるなら、やっぱり最期は自宅で」と、在宅看取りを希望される方もおられます。「在宅緩和ケア」と呼ばれるものです。

出会い 27

社業を子どもさんに引き継ぎたかったHさん

（肝転移）

Hさんは70歳の男性。

胃がん、肝転移で、抗がん剤治療をおこなってきましたが、肝転移が急速に悪化してきました。

ある日、急に立てなくなり、救急車で病院に入院です。

肝臓がほぼすべて、腫瘍に置き換えられて、黄疸も出始めていました。

電解質バランスが大きく乱れており、危険な状態でした。

点滴などいろいろな治療で、バランスの補正はできましたが、食事もほとんどとれず、もう立つことは困難な状況でした。


本人の強い希望で、退院して自宅に戻ることとなりました。

もう残された時間はありません。

今日、今から退院しますので、訪問診療をお願いします、と、連携室から在宅医療の依頼電話がありました。

はい、わかりました。

私たちは、こういった急な依頼にこそ、しっかり対応できるよう心がけています。

その日の夜、ご自宅にて、私たちのはじめての出会いです。

担当医からの紹介状には、予後は１週間くらいではないかと書かれておりました。


入院中に一番困ったことは、眠れないことだったそうです。

眠りたい、とＨさん。ご自宅に戻られたのですから、眠れるといいですね。

結局その夜はあまり眠れなかったようです。翌日、昼に訪問診療した時には、眠っておられました。

今後の予測について、ご家族に説明し、ご家族のご希望などをお聞きします。

その日は、かなりぐっすり眠れたようで、翌日にはしっかりされ、いろいろなお話を聞くことができました。

本人の意思も確認し、病院には戻らず、最期も家で、とのことでした。

戦後、今の場所で会社を設立され、がんばってこられている方でした。よい意味でのワンマン社長。被爆後の広島は、Hさんのような方々によって復興をとげてきたのです。

自分には学歴がない、それで、息子たちには、先で役立つ資格を取らせた。娘には手に職をつけさせた、というのが、Hさんの自慢話でした。

目が覚めている時には、会社のことについて、息子さんにいろいろ伝授されたようです。

Hさんは急速に衰弱が進み、眠っていることが多くなりました。また、しだいに痛みも出てきて、オピオイド（医療用麻薬）を開始する状況となってきました。

そうして、退院して1週間。

Hさんはご自宅で静かにお亡くなりになりました。

解説

会社や事業を後継者に引き継ぐ

会社を経営される方が、がんに罹患《りかん》する場合も、もちろんあります。

がんで体調が悪化してきた段階でも、会社の継承問題について手つかずの方も、けっこうおられます。

「もう少し体調が回復したら、あれも、これもやりたい、もっと働きたい」とすら、考えておられる方が多いようなのです。

ご自分の病気の状況を受け入れられず、希望を持ちたいというのは、わかります。仕事をする、という希望を持つこと自体は、悪いことではありません。

でも、会社経営・事業継続という点では、それでは残された社員・ご家族は困ってしまいます。

ちゃんと、準備万端、次にバトンタッチしていってもらわないと。

書類のこともあるでしょう、準備に時間はかかることでしょう。また、お得意先に次の責任者を引き合わせて、お願いしておく、というのも大事なことでしょう。

これも、時間がかかりますし、体力がないとできなくなってしまいます。

次の事業展開プランや、そのための下準備が、すでにできているかもしれませんが、そういったことは細かいところまで伝えていかなければ、うまく引き継げないと思います。

在宅診療で、社長さんや経営者の方を担当させてもらうことも多いのですが、このままで会社は大丈夫かな……、と心配になるケースもあるのです。

出会い 28

子どもが全員、先に亡くなってしまったOさん……（老衰）

Oさんは88歳。

子どもさんが2人、おられました。

しかし10年前に次男が、そして6年前には長男が、相次いで亡くなられたのです。

奥さんは、うつ病となってしまい、Oさんも、人生の目標がなくなってしまっていたようです。

その状態で、肺炎を起こし入院したのですが、入院中に歩けなくなってしまったのでした。リハビリも拒否され、動けるようになる見込みはありません。

自宅生活は無理と判断され、サービス付き高齢者住宅へ入居が決まり、当方に、退院後の在宅医の依頼がありました。

　退院前カンファレンスで、私たちのはじめての出会いです。


　Ｏさんからは、前向きな明るい姿勢はまったく感じられませんでした。いちおう定期的な医師の診察は受け入れてはくれますが、質問に関しては、ぶっきらぼうに一言二言返すだけ。あとはダンマリです。ときどき介護拒否も見られます。

「俺のことはもうほっといてくれ！」

と、口に出すわけではありませんが、態度がそう語りかけてきます。


　当方は、いつものように、ご本人の歴史を、少しずつ聞き出そうと試みます。

　山あいの出身で、川でハヤ釣りなどをしていたこと。

　食べたい物、思い出す食べ物といえば、それくらいじゃが、ここでは川魚なんか（食事で）出るわけないよのー……。魚は好きだが、鯛は出ても、養殖もんじゃのー……。

おいしい天然魚、あるいは川魚を買ってきてもらえれば、少しは食欲を出してもらえるかも、というところまでは、何とかたどりついたのですが、奥さんは、うつ病で、何か買ってきてもらうどころではありませんでした。

訪問診療は、緩和ケア医と緩和ケア薬剤師の２人でうかがうのですが、慣れてきたころには、「いいスカートをはいとってじゃ。見とるわしもうれしいよ」と喜んでくださったりしました。「戦争中は、欲しがりません、勝つまでは言うて、女性はスカートなんかはけんかった」と、平和な世の中になったことを喜ばれることもありました。

３年後、Ｏさんはしだいに食事量が減って衰弱が進み、静かにお亡くなりになりました。

Ｏさん、もう少しいろいろな話を聞きたかったですよ。

解説

拒否する背景を探る

拒否される方、というのは、珍しくありません。

背景は認知症のことが多いですが、高齢者の場合には、うつ病の存在も、つねに考えておく必要があります。

食事拒否の場合は、対応は急がなければなりませんので、広島市認知症疾患医療センターに入院対応をお願いし、薬剤調整をしていただいて、また戻ってきてもらうことが多いです。

少量の精神科薬で折り合う人が多いように思います。

医療拒否の場合には、いったん介入を中止することもありますし、多くの関係者と連携を取りながら、「遠巻きにそっと見守る」ことを続ける場合もあります。

Oさんの場合には、医療も介護も受け入れはありました。認知症による拒否や、うつ病で、というわけではなく、「もうほっといてくれ！」というご自分の強い意思、というか、何というか。

どこかに取っかかりがないか、と懸命に手探りを続けますが、そういうケースではなかなか難しいことがあります。

出会い 29

ご自宅に帰ることができたIさん

（腎機能低下）

Iさんは81歳。

これまで、心臓病やがんなど、大きな手術を何度も受けてきました。

2月に肺炎を起こし入院。

その時に、腎機能が非常に悪化していることが判明しました。入院中にも、どんどん腎機能は低下していきます。透析が必要な水準です。

しかし、透析治療については、本人が強く拒否をされました。そんなことよりも、早く家に帰りたい、と。

新型コロナ対応で、ご家族の面会もできない状況だったのです。

透析対応ができなければ、残された時間は多くはありません。

点滴で全身状態の調整をおこなったのち、退院しましょう、という想定だったのですが、時間がないので、点滴をつないだままご自宅に帰られることになりました。

あとの調整は在宅チームにお任せください。

退院して家に帰っても、ほとんど食欲はありません。

「何かお好きな物、食べたい物はありますか？」

この質問に対して、Iさんは、「麺類が好き。焼きうどんが食べたいな」と。

いいですよ、食事量が少ないので、減塩などする必要はなく、お好きな物をお好きな味付けでよいですよ。

結局、焼きうどんではなく、ふつうのうどんを、少し召し上がられたそうです。

数日後。Iさんは、ご家族に見守られながら、静かにお亡くなりになりました。

Ｉさんが語られたこと。

家に帰られてよかったですね。

おうよ、家の何がええ、言うて、声を出したら家族が来てくれるんで。オーイ、って言うたら。

実際に、「オーイ」と奥さんを呼ばれることがありました。

これが、何十年間もの日常の風景だったのでしょうね。

Ｉさん、ご家族に囲まれての生活に戻れて、よかったですね。

うどんも、おいしかったでしょうか。

解説

コロナ禍の面会制限と、在宅医療

腎機能が低下してくると、老廃物の排出ができなくなります。とくに問題なのは、電解質の異常、カリウムが高値になることです。カリウムが高値になると、心臓が止まってしまうのです。

この場合の心臓停止は、急に来ますので、ストンッという感じで亡くなられることが多いです。急変してから連絡しても、間に合わないご家族もいる、という覚悟は必要かもしれません。

Iさんの場合には、ちょうど子どもさんたちが勢ぞろいされている日に、お亡くなりになったのでした。

病院や施設では、新型コロナなどの感染症への対応で「面会禁止」が続くことがあります。面会制限がしばらくの間、解除されないこともあるでしょう。

「家族に会えないのでは話が違う」と思われる方は、在宅医療を考慮されてもよいと思います。

病院の相談室や地域連携室にご相談ください。在宅医をはじめ在宅チームはご希望がかなうように動きます。

出会い 30

病気のことは家族に一切言っていなかったKさん

（肺がん）

Kさんは68歳。

1人暮らしの男性です。

病院で肺がんの治療を続けてきましたが、抗がん剤の効果がなくなり、しだいに息苦しくなってきていました。息苦しさのため通院も困難となり、訪問看護、訪問診療が開始となったのでした。

ご自宅で、私たちのはじめての出会いです。

最初の段階では、病院の緩和ケア病棟の順番が来るまで、自宅での療養を、という病院からの紹介状でした。しかし、よく聞いてみると、緩和ケア病棟への申し込みは、まだおこなっていないことがわかりました。

急いでケアマネジャーさんたちに動いてもらって、緩和ケア病棟への申し込みをすませます。

何度か訪問診療をしているうちに、やっぱり緩和ケア病棟へ入院するのではなく、最期まで自宅がいい、という希望に変わっていきました。

1人暮らしであっても、がんであっても、最期まで自宅で、という希望はかなえることができます。

最期も自宅で、というご希望は、日時を替え、担当者を替え、何度も確認をしました。Kさんの意思は、その後はずっと変わりませんでした。

ご家族の話も何度もお聞きしたのですが、家族はいない、天涯孤独である。そのため入院時の保証人にも、友人になってもらっていた、とのことでした。病院からいただいた資料（看護サマリーなど）にも、確かにそう書いてあります。

Kさんには、じつはご家族がおられる、ということが、亡くなられたあとに行政の調べで判明しました。ケアマネジャーも、私たちも、これまで何度も入院した病院の関係者も、だれ1人として、ご家族がおられることは知りませんでした。

行政から連絡を受けたご家族も、はじめて聞いてびっくりされたことでしょう。当院に、詳しい話を聞きに来られました。

これまでの病名や経過について、そして、最期まで自宅で、という本人の強い希望があっての在宅看取りであったこと、などを説明させていただきました。

Kさん、じつはご家族がおられるとわかって、みんなびっくり、そしてバタバタしましたですよ。

解説

身寄りがいない場合、じつはいた場合

本当に身寄りがいない場合、亡くなられたあとの手続きなどは、行政がおこなうことになります。広島市の場合ですと、区長名でおこなう、ということになるのだろうと思います。

その場合、もし残った財産があれば、国庫に入る、と聞いたことがあります。

しかし、亡くなられた段階で、ご家族がいる、ということが判明すれば、ご家族に話が行くことになるのだそうです。

ふだんの付き合いが何十年もなく、「家族はいない」という実態であったとしても、戸籍上で妻や子ども、兄弟などが生きている可能性があるならば、それは少なくともケアマネジャーさんには伝えてもらえれば、いざという時にみんな助かります。

よろしくお願いいたします。

あとがき――本人の希望に沿う、ということ

「死ぬとき」をめぐる2つの大転換

「死ぬときぐらい　好きにさせてよ」

これは2016年、宝島社が、新聞の全国紙4紙でおこなった企業広告です。樹《き》木《き》希《き》林《りん》さん出演の大広告には、度《ど》肝《ぎも》を抜かれましたね。

じつは現在、「死ぬとき」をめぐって、大転換が起こっています。

ぜひとも知っておいていただきたいことは、２つです。

１つめは、「人生の最期を、どこですごすか」ということについて、これまでとは考え方が１８０度、転換してきているということです。

もう１つは、「自分の最期は自分で決める」という時代になってきている、そして政府がそれを後押ししている、ということです。

これまでは、体調が悪くなると、病院で検査を受けたり、入院して治療を受けたりするのが当たり前、と思われていました。今でもそう思っている方も多いでしょう。実際に、病院で最期を迎える方が一番多く、全体の約8割くらいです。

そのほかでは、１割強の方が、ご自宅で最期を迎えられ、残りの少しの方は、施設で最期を迎えられます。

在宅死というのは、少数派であったのです。

しかし、新型コロナで、病院の医療が変わりました。面会が制限されるようになったのです。

「面会おことわり」という病院は、さすがに今は減りましたが、「親族に限る。2名まで。15分間まで」といった制限がつけられるようになったのです。こうした面会制限が続いている病院は多いのです。

人生の最期の最後の段階になって、ご本人は心細いでしょうに、家族と会えない。また、ご家族の立場からしても、「最期は一緒にすごしたい、手足や背中をさすってあげながら、話をしたい」と思っても、できない時代になったのです。

そこで、「状態が悪い、だから、家に連れて帰りたい」と希望される方が、とても多くなりました。

これまでは「状態が悪いから入院」だったのに、今では「状態が悪いから退院して家に帰る」という時代になったのです。

どうでしょう、正反対ですよね。

病院側からも、「こんなに状態が悪いのに家に帰るなんて、とんでもない」と言われるようなことはなくなりました。「病院にいたのでは悔いが残る」ということに、病院も気がついてきたのです。

もう１つの大転換は、「ご本人の意思によって、治療方針を決定する」ということが、確立されてきた、ということです。

これまでは、ご本人の希望と、家族の意見が食い違う場合には、「息子が（娘が）そう言うなら……」と、家族の意見が優先されることも多かったのです。

ところが、政府が「『人生の最終段階』では、治療方針は本人の意思に沿って決定される」とはっきり示したのです。誰に遠慮する必要もなく、自分の意思で、自分の最期の段階の生き方を決める時代になったのです。

「死ぬときぐらい　好きにさせてよ」は、まさに今、実現しているのです。

このことについて、詳しく説明しますと、「人生の最終段階における医療・ケアの決定プロセスに関するガイドライン」（平成30〔２０１８〕年）が制定されています。医療・介護に従事する人は、このガイドラインに沿うことが求められています。

とはいえ、ご自分で意思表示ができる方と、できない方がおられます。本人の意思が確認できる場合には、本人の意思を尊重する、とされています。本人がいやがる医療行為を、無理やりに実施することはできません、ということです。

本人の意思表示が確認できない場合には、ご家族がいる場合にはご家族に質問がされます。

「ご本人だったら、どういう選択をされると思いますか？」と。

これまでは、ご家族に「どうされますか？」と聞くことも多かったかもしれません。

しかし、現在では、

「本人が（延命治療について）何かお話しされていたようなことは、ありませんか？覚えておられませんか？」

から始まって、

「ご本人だったら、どうされると思いますか？」

という聞き方になります。

「（子どもさん方は）どうされますか？」

という聞き方は、今はおこないません。


ご家族や友人など、本人の意思を推《お》し量《はか》る人が誰もいない、という場合には、医療関係者が相談して、「本人にとって最善」と思われる選択をおこないます。

「（お医者さんたちに）お任せします」というのは、この場面だけなのです。


ご自分の考えや希望を、何度もご家族に伝えましょう。医療関係者やケアマネジャーさんなどにも、伝えましょう。


できれば、紙に書いて、電話機の横や、ドアなどに貼り出しておきましょう。

これが、いざという時に「残された人たちに迷惑をかけない方法」です。

「本人がこう望んでいるのだから……」と、みんなが一致した方向で動くことが、一番後悔が少なくなるのです。

「すべての人に緩和ケアを！　いつでも、どこでも、誰にでも!!」

私は、開業する以前は、基幹病院の呼吸器内科医として、多くの方の死に立ち会ってきました。がんの末期の方など、「家に帰りたい、帰りたい」と言いながら、病院で亡くなられていきました。

家で末期がんを診てくれる開業医など、ほとんどいない時代だったのです。

それなら、自分が、末期がんの方を家で診る医者になろう、と開業しました。

在宅緩和ケアの実践をおこなうクリニックを目指したのです。

ところが、問題は末期がんだけではないことに、すぐに気がつきました。

がん患者さんは、末期だけが問題ではなく、がんと診断されてから、ずっと支援が必要なのです。

さらに、在宅では、認知症や脳卒中後の患者さんが、おおぜいおられたのです。

どんな疾患であれ、「痛い、苦しい」状態は、イヤですよね。

在宅生活を継続するためには、疾患にかかわらず、緩和ケアを受けることができなければなりません。

そこで、最近の当院は、「すべての人に緩和ケアを！　いつでも、どこでも、誰にでも!!」というキャッチフレーズを掲げています。

病気の時期にかかわらず、病気の種類にかかわらず、自宅か施設かも問わず、困っている方に緩和ケアをお届けしよう、としています。

１人暮らしであっても、認知症があっても、在宅生活を安心して送ることができなければ、「じゃあ入院しかないね」ということになりかねません。

地域の多職種連携で在宅生活を支える

あとがきが長くなってきましたので、あと少しだけ。

「好きにさせてよ」と思っても、支える体制ができなければ、それは無理な話です。

在宅生活を支えるには、地域での多職種連携《れんけい》が肝心なこととなります。

これに関して、私どもは、厚生労働省のモデル事業に2回、指定されています。平成24（２０１２）年度「在宅医療連携拠点事業」。全国で１０５カ所、広島県では4カ所、広島市では当院のみが指定されて活動しました。地域多職種連携の重要さを叩き込まれた事業です。地域の「顔の見える関係づくり」が重要だと認識し、その後も地域多職種連携づくりの活動をおこなっています。

2回目は、今まさに取り組んでいるところですが、令和5（２０２３）年度「在宅医療の災害時における医療提供体制強化支援事業　連携型ＢＣＰ・地域ＢＣＰ策定に関するモデル地域事業」。全国で26カ所です（ＢＣＰというのは「事業継続計画」のことで、災害時にいかに医療を途切れずに提供するか、という取り組みです）。

災害時に、地域で連携して地域の患者を守る、という体制づくりに取り組んでいます。

もちろん、災害時には１人では何もできません。地域多職種連携「顔の見える関係づくり」が、ここで生きてくる。これまでの集大成になるものと考えています。「吉島《よしじま》（広島市中区に位置する地区）圏域を日本一にする！」と、高いモチベーションで、みんなで取り組んでおります。

開業15年で、2回も厚生労働省モデル事業に指定されているクリニックなんて珍しいのではないか、と自負しているところです。

今回の本は、患者さん・ご家族の参考になれば、助けになれば、と思っての出版です。次は、在宅の地域多職種連携、という視点から、医療・介護・福祉関係者向けの本を書く機会があればいいなあ、と思っております。

謝辞

私どもは、平成24（２０１２）年度厚生労働省モデル事業で「市民公開講演会」を開催しています。厳密にいえば、その前年度にも、在宅医療助成 勇美《ゆうみ》記念財団の助成事業に認定され、「市民公開講演会」を実施しています。モデル事業が終わってからも、市民公開講演会の開催は続けています。

広島で講演をしてくださった方々のお話が、私どもの血となり肉となっております。長尾和宏先生（医師）、石飛幸三先生（医師）、中村仁一《じんいち》先生（医師）、久坂部羊《くさかべよう》先生（医師）、浦上克哉《うらかみかつや》先生（医師）、上野千鶴子先生（社会学者）、春日キスヨ先生（社会学者）、藤井聡之《そうし》住職（広島市安佐北区 教雲寺〔浄土真宗本願寺派〕）。

大きな学びを得ることができました。感謝申し上げます。

吉島圏域（広島市中区 吉島中学校区）の多職種連携会議にご参加くださったみなさま、小委員会メンバーのみなさま。おおいに飲み、語ることで、顔の見える関係づくりや地域運営のアイデアなど、お互いに成長できたと思います。感謝、感謝です。

春日キスヨ先生から「本を書きなさい」と言われ、光文社新書編集部 草薙麻友子さんをご紹介いただいていたのですが、1年以上にわたり、手をつけられないでおりました。筆の遅い私に対し、せかさず、しかし見守りながら、後押ししてくださった草薙さんに、感謝いたします。

患者さん・ご家族との「医師との会話」以外の部分を担当し、あたたかい会話で寄り添う、在宅緩和ケアのキーマン、折口《おりぐち》裕《ゆう》子《こ》薬剤師にも、感謝いたします。症例のピックアップや構成について、まとめることができたのは、折口さんのおかげです。

《参考文献》

もっと詳しく在宅医療について知りたい、と思われる方に。

◇石飛幸三著『「平穏死」のすすめ』（講談社文庫）

終末期の医療について、現場から勇気ある提言をおこなった、エポックメイキングな本です。書かれている内容は今でも古くはありません。時代を変えた一冊。

◇上野千鶴子著『在宅ひとり死のススメ』（文春新書）、あるいは、上野千鶴子・小笠原文雄著『上野千鶴子が聞く　小笠原先生、ひとりで家で死ねますか？』（朝日文庫）

在宅で、１人暮らしであっても、「孤立死、孤独死」ではないという道を示してくださいます。不安が消え、希望が見えてくる一冊。

◇春日キスヨ著『百まで生きる覚悟』（光文社新書）

豊富な具体的データをもとに、どのような覚悟が必要になるのか、わかりやすく書かれています。家族で話し合いをする基礎知識として共有しておきたい一冊。

髙橋浩一（たかはしこういち）

1958年広島県生まれ。医療法人和平会折口医院（広島市中区）院長。東京大学教養学部理科Ⅰ類中退。滋賀医科大学卒業。広島大学大学院内科学第二修了（医学博士）。JA尾道総合病院、JA広島総合病院などで勤務。緩和ケアチームリーダーを務める。聖路加国際病院で緩和ケア研修。がん末期に「自宅に帰りたい」と希望する方に対応（往診・訪問診療）できる開業医が少なかったため、在宅緩和ケアを担う目的で2008年に継承開業。'12年厚生労働省在宅医療連携拠点事業に選出。令和5年度厚生労働省「在宅医療の災害時における医療提供体制強化支援事業 連携型BCP・地域BCP策定に関するモデル地域事業」に選出。日本内科学会総合内科専門医。日本呼吸器学会専門医、指導医。日本尊厳死協会中国地方支部長。

在宅緩和《ざいたくかんわ》ケア医《い》が出会《であ》った「最期《さいご》は自宅《じたく》で」30の逝《い》き方《かた》

2024年1月30日初版1刷発行

著　者 —— 髙橋浩一
発行者 —— 三宅貴久
装　幀 —— アラン・チャン
印刷所 —— 萩原印刷
製本所 —— 国宝社
発行所 —— 株式会社 光文社
東京都文京区音羽1-16-6（〒112-8011）
https://www.kobunsha.com/
電　話 —— 編集部03(5395)8289 書籍販売部03(5395)8116
業務部03(5395)8125
メール —— sinsyo@kobunsha.com

 ISBN 978-4-334-10199-2

1259
参議院
倉山満

参議院を制する者が日本の政治を制する——。参議院とはいかなる存在なのか。誕生の背景から歴代政権のスタンス、そして現代日本政治まで、憲法学、政治学、歴史学の視点で検証。

978-4-334-04666-8

1260
東大生のジレンマ
エリートと最高学府の変容
中村正史

急増する休学者に、急進的な起業志向——保守的なはずの東大で、あえて「レール」を踏み外す学生が増えている理由とは？ 激変する東大と東大生の「今」を、当事者たちの声が浮き彫りにする。

978-4-334-04667-5

1261
宇宙・0・無限大
谷口義明

私たちの想像が及ばないほど広大な宇宙は無限の大きさを持つのか。また、この宇宙に0となる物理量は存在するのか。シンプルながらも深遠な問いに天文学者が果敢に挑む一冊。

978-4-334-04668-2

1262
世界視点で読む 企業戦略とアート
上坂真人

なぜ世界のトップ企業は事業としてアートに投資するのか。日本には何が欠けているのか。ビジネスとしてのアートの役割と活用法を、豊富な事例とデータから分析・提言する。

978-4-334-04669-9

1263
教養を磨く
宇宙論、歴史観から、話術、人間力まで
田坂広志

哲学の究極の問い／「運命」とは何か／「人生百年時代」の覚悟／「死」とは何か／二一世紀の「利他主義」——教養とは答えの無い問いを問い続ける力。21世紀の「新たな教養」論。

978-4-334-04670-5

光文社新書

1264
戦時下のウクライナを歩く
岡野直

突如始まったロシアによるウクライナ侵攻。破壊された街で、失われた日常に、そこに生きる人たちは何を思うのか。ジャーナリストが歩いて、見て、聞いた、市民による〃戦い〃の記録。

978-4-334-04671-2

1265
アフガニスタンの素顔
「文明の十字路」の肖像
青木健太

カブール陥落から2年――タリバン統治の実態は？　女性の権利は？　和平実現への道筋は？　そして日本が果たすべき役割は？　激変するアフガニスタン社会を広く深くリポート。

978-4-334-04672-9

1266
生理痛は病気です
邱紅梅

「我慢してやり過ごす」はNG！　日本女性の生理が社会の犠牲になっていること、その先に待ち受けるリスクを解説。原因を根本から解決する「養生」の方法を中医学をベースに伝える。

978-4-334-04673-6

1267
ChatGPTの全貌
何がすごくて、何が危険なのか？
岡嶋裕史

ChatGPTと上手に付き合う方法を学び、その能力を最大限引き出すには？　基礎知識からクリエイティビティ、今後の進化、人類の未来への影響までわかりやすく解説。

978-4-334-10013-1

1268
アートとフェミニズムは誰のもの？
村上由鶴

「みんなのもの」になろうとするエネルギーを持っているアートとフェミニズム。両者に対する理解の断絶が進んでいる現在の状況に風穴を開けるには？　美学研究者による新しい試み。

978-4-334-10014-8

1269
不自由な社会で自由に生きる
「自由論」講義録

ウスビ・サコ編

社会は自由なように見えて、昔も今も違う形で不自由だ。宗教、表現、芸術、性、公共、そして私自身――。私たちを縛るものを知り、自由をつかみとるための8つのレッスン。

978-4-334-10015-5

1270
まんが 押川先生、「抗がん剤は危ない」って本当ですか？

押川勝太郎 おちゃずけ

怖いのは、闘う相手の正体を知らないから――治療の不安、医師との関係、お金、患者会、食事、周囲の人の心得など様々な疑問に、ＹｏｕＴｕｂｅで活躍の腫瘍内科医がまんがで答えます。

978-4-334-10016-2

1271
結婚しても一人
自分の人生を生ききる

下重暁子

しょせん、夫婦は他人――。大事なことは「求めない」「期待しない」etc. 夫婦がストレスなく暮らしていくためのヒントとは。50年続いた結婚生活と87年の人生を振り返りながら綴る。

978-4-334-10017-9

1272
日本のコミュニケーションを診る
遠慮・建前・気疲れ社会

パントー・フランチェスコ

本音と建前、過剰な遠慮、「キャラ」の空疎な会話。『アニメ療法《セラピー》』著者のイタリア人精神科医が、日本社会の独特なコミュニケーションによって心身を害する危険性に警鐘を鳴らす。

978-4-334-10066-7

1273
新書100冊
視野を広げる読書

高橋昌一郎

いま、何を読んでおくべきなのか？ 今日のニュースの背景から、あの学問の最先端まで。多彩な分野のエッセンスを、この1冊に凝縮。「知」の足場を築くための珠玉のブックガイド。

978-4-334-10067-4

光文社新書

1274

恋愛結婚の終焉

牛窪恵

恋人は欲しくない？　恋愛は面倒？——でも、結婚はしたい⁉　改善されない未婚化と少子化の真の原因はどこにあるのか。昭和の常識から脱却し、「共創結婚」の重要性を検証・提案する。

978-4-334-10068-1

1275

朝、起きられない病
起立性調節障害と栄養の関係

今西康次

「だるさや頭痛、吐き気で起きられない」…中高生の1割が悩む起立性調節障害を栄養の観点から治療・改善させている医師が、発達に必要な栄養や周囲の対応について症例を交え解説。

978-4-334-10069-8

1276

人事変革ストーリー
個と組織「共進化」の時代

髙倉千春

個が活きる組織とは——。複数の外資企業や日本企業で戦略人事や人事制度改革に取り組んできた人事のプロフェッショナルが、これからの日本企業に求められる「新たな知恵」を示す。

978-4-334-10088-9

1277

愛とラブソングの哲学

源河亨

この世はなぜラブソングであふれている⁉　共感できるから？　愛が普遍的だから？　生物学・脳科学・歴史学・社会学など様々な学問を駆使して、哲学研究者が問いの答えに迫る。

978-4-334-10089-6

1278

ワクチンを学び直す

岩田健太郎

効果、安全性、種類、活用法——最新の動きに加え、予防接種制度や海外のワクチンも含めたワクチン接種の全体像を、感染症の専門家が分かりやすく解説。今こそ、正しい知識を！

978-4-334-10090-2

光文社新書

1284
だからタイはおもしろい
暮らしてわかったタイ人の「素の顔」
髙田胤臣

経済格差、階級社会、利己主義……。微笑みの裏側には色々あっても、したたかに、サバーイ（気楽）に生きる。ともに暮らしてはじめてわかる、タイ社会とタイ人の本質とは。

978-4-334-10135-0

1285
毒母は連鎖する
子どもを「所有物扱い」する母親たち
旦木瑞穂

理不尽な仕打ち、教育虐待、ネグレクト……。子どもを自らの所有物のように扱い、負の影響を与える毒親。その中でもとりわけ母親から娘へと伝染する「毒」に8人の取材から迫る。

978-4-334-10169-5

1286
京大合格高校盛衰史
天才たちは「西」を目指した
小林哲夫

京大の「自負」と高校の「執念」。自由の校風と最先端研究を目指して繰り広げられた京大受験の歴史を、一九四九年以降の合格者数ランキングから徹底分析。東大ではダメなんだ！

978-4-334-10133-6

1287
台湾の本音
〝隣国〟を基礎から理解する
野嶋 剛

首都はどこ？ 親日である理由は？ 中国とはどういう関係？ 日本で関心が高まるわりに、実情はよく知られていない台湾。そんな〝隣国〟の姿を6つの問いから詳らかにする。

978-4-334-10170-1

1288
白内障の罠
一生「よく見る」ための予防と治療
深作秀春

後悔しないために…日常生活や栄養面での留意点、手術法の歴史や最新治療について、世界的眼科外科医が徹底解説&警告！ プロの画家でもある著者が「見るとは何か」から教えます。

978-4-334-10171-8

光文社新書

1289
ボロい東京
三浦展

錆、苔、扉、管、看板、郵便受け……。ボロいのに、いや、ボロいからこそ美しい。ありふれたようで失われつつあるボロい風景の数々を、十数年撮りためたスナップから厳選した写真集。

978-4-334-10172-5

1290
日本のクラシック音楽は歪んでいる
12の批判的考察
森本恭正

これまで日本で検証されてこなかった「真実」とは——。私たちは何を見逃し、聴き逃してきたのか。作曲家・指揮者が、二十年を超える思考の上に辿り着いて示す、西洋音楽の本質。

978-4-334-10196-1

1291
「生命の40億年」に何が起きたのか
生物・ゲノム・ヒトの謎を解く旅
林純一

40億年前に誕生し、姿形を変えながら現在まで連綿と命をつないできた生き物たち。その本質とは一体何なのか。常識を疑った先に広がる、ユニークな生き物たちの世界を描いた意欲作。

978-4-334-10197-8

1292
日本のヴァイオリニスト
弦楽器奏者の現在・過去・未来
本間ひろむ

日本におけるヴァイオリン受容史から、「歴史的名器」をめぐる逸話、新世代の弦楽器奏者まで、「楽器に選ばれし者」の物語。【日本のヴァイオリニスト・ディスコグラフィ30】付録付き。

978-4-334-10198-5

1293
在宅緩和ケア医が出会った「最期は自宅で」30の逝き方
髙橋浩一

どこで、どのように過ごし、最期の時を迎えるか。希望をどう叶えるか。在宅緩和ケアに取り組んできた医師が紹介する、患者との出会いから看取《みと》りまでの数々のストーリーから学ぶ。

978-4-334-10199-2